中国地质大学（武汉）实验教学系列教材
中国地质大学（武汉）实验教材项目资助（SJC—202207）

贯穿式物联网系统实验教程

GUANCHUANSHI WULIANWANG XITONG
SHIYAN JIAOCHENG

曾德泽　顾　琳　梁庆中　编著

图书在版编目(CIP)数据

贯穿式物联网系统实验教程/曾德泽,顾琳,梁庆中编著. —武汉:中国地质大学出版社,2024.3
ISBN 978-7-5625-5802-6

Ⅰ.①贯… Ⅱ.①曾…②顾…③梁… Ⅲ.①物联网-实验-教材 Ⅳ.①TP393.4-33 ②TP18-33

中国国家版本馆 CIP 数据核字(2024)第 053267 号

贯穿式物联网系统实验教程		曾德泽　顾　琳　梁庆中　编著
责任编辑:张　林	选题策划:张　林	责任校对:何澍语
出版发行:中国地质大学出版社(武汉市洪山区鲁磨路388号)		邮编:430074
电　　话:(027)67883511	传　　真:(027)67883580	E-mail:cbb@cug.edu.cn
经　　销:全国新华书店		http://cugp.cug.edu.cn
开本:787 毫米×1 092 毫米　1/16	字数:218 千字	印张:8.5
版次:2024 年 3 月第 1 版	印次:2024 年 3 月第 1 次印刷	
印刷:武汉市籍缘印刷厂		
ISBN 978-7-5625-5802-6		定价:52.00 元

如有印装质量问题请与印刷厂联系调换

前　言

物联网(Internet of Things,IoT)是指将各种信息感知设备、网络和算力设备等进行有效连接,实现虚拟世界与物理世界的互联互通、智能感知、高效处理和共享,以实现对物理世界的信息感知、实时传输、智能处理和自动控制的一种新型信息系统。物联网已成为全球新一轮科技革命和产业变革的重要驱动力量,在各行各业得到了广泛应用。为了培养读者的物联网系统开发能力以及对计算机领域"系统观"的初步认知,从"零"开始逐步构建一套物联网系统,涵盖物联网系统感知层、网络层和应用层的关键技术,串联物联网系统以及其他计算机系统开发所需的关键知识。

物联网系统的构建是一个复杂的过程,涉及感知层、网络层和应用层3个层次。感知层是物联网系统的基础,负责通过各类传感器采集物理世界的信息,并且通过各类通信技术将感知数据汇聚到虚拟世界中。网络层负责将感知层采集的信息传输到数据处理算力设备。应用层是物联网系统的核心,负责对各个算力设备上接收到的感知信息进行不同种类的处理和分析,并将结果提供给用户使用,从而支持智能家居、智能交通、智慧城市等实际应用。

首先从传感层的传感器单元构建开始,先将不同传感单元连接至STM32单片机上构成低功耗的传感器,让读者了解传感单元的接入与数据读取。将STM32单片机获取的数据通过串口传输至树莓派节点,且构成STM32单片机与树莓派的双向通信,让读者了解串口通信、中断和直接存储器访问(Direct Memory Access,DMA)等的原理和开发方法,进一步通过驱动开发实现不同编程语言对传感器数据的读取,让读者了解驱动的意义与开发方法。然后,在网络层通过连接各类低功耗协议及相应通信单元(如LoRa、ZigBee等)实现感知数据通过无线网络的上传,让读者了解传感通信的原理与应用方法。进一步将树莓派配置成路由器来实现数据的多跳连接与路由,让读者了解路由器的工作原理以及路由协议的原理与开发方法。最后在应用层中,数据需要汇聚并存储到数据库并以可视化的方式来进行展示,让读者了解数据库的配置与使用、Web服务器的配置和使用,以及基于Web的可视化开发方法等。同时,开发系统融合人脸识别功能,让读者了解并掌握基本的图像处理与机器学习知识。

本书的特点主要体现在以下几个方面:

(1)贯穿式实验设计。本书从零开始采用积木式逐步构建一套物联网系统,让读者能够循序渐进地了解物联网系统构建的完整过程。

(2)实验材料易得。所用元器件都是较常见的商用现成品,学校或读者都无须定制,可简单直接地进行实验环境的构建。

(3)实验指导详细。每章内容都配有详细的实验指导,并提供实验所需的关键代码和资料,方便读者进行实践。

(4)实验内容丰富。本书涵盖物联网系统感知层、网络层和应用层的关键知识与技术,内容丰富,适合不同水平的读者学习。

本书可作为计算机科学与技术、人工智能、网络工程、物联网等专业设置的物联网相关课程的实验教材,也可作为计算机类相关专业的导论课实验教程,能够帮助读者初步理解以物联网系统为代表的计算机系统的构建原理,掌握软硬件开发的基本技能,了解计算机系统知识的构成,为进一步深入学习计算机理论知识或已有知识的组合与实践应用提供支持,同时培养读者的系统设计与构建能力,为读者在物联网以及计算机专业相关领域的发展奠定基础。

感谢李哲雄、李跃鹏博士,耿弘民等对本书所包含的实践练习教程所作的贡献。他们为本书提供了宝贵的实验素材和意见,使本书的实践练习更加丰富和有效。感谢中国地质大学出版社领导及编辑对本书出版的大力支持。最后,我们希望本书能够为广大读者提供帮助,帮助他们学习和掌握物联网相关技术,并建立计算机系统的"系统观"。

由于本书作者水平有限,书中难免存在不足之处,由衷恳请广大读者批评指正。

笔者

2023.12

目　录

第1章　物联网系统 …………………………………………………………………………（1）
 1.1　物联网基础概要 ……………………………………………………………………（1）
 1.2　物联网发展趋势 ……………………………………………………………………（1）
 1.3　物联网系统架构与关键技术 ………………………………………………………（3）
 1.4　物联网实际应用 ……………………………………………………………………（4）

第2章　物联网感知层 ………………………………………………………………………（8）
 2.1　传感器 ………………………………………………………………………………（8）
 2.2　驱　动 ………………………………………………………………………………（11）
 2.3　应用与实践 …………………………………………………………………………（12）

第3章　物联网网络层 ………………………………………………………………………（36）
 3.1　物联网通信技术 ……………………………………………………………………（36）
 3.2　Ad Hoc 网络 …………………………………………………………………………（62）
 3.3　OLSR 协议 …………………………………………………………………………（69）

第4章　物联网应用层 ………………………………………………………………………（77）
 4.1　MQTT 协议 …………………………………………………………………………（77）
 4.2　容器技术 ……………………………………………………………………………（83）
 4.3　K3s …………………………………………………………………………………（87）
 4.4　数据库 ………………………………………………………………………………（92）
 4.5　数据可视化 …………………………………………………………………………（96）

第5章　人脸识别应用 ………………………………………………………………………（105）
 5.1　人脸识别背景 ………………………………………………………………………（105）
 5.2　人脸识别应用架构 …………………………………………………………………（108）
 5.3　人脸识别应用实验 …………………………………………………………………（110）

主要参考文献 …………………………………………………………………………………（128）

第1章 物联网系统

1.1 物联网基础概要

1.1.1 物联网的概念

物联网是指将具有标识、感知和智能处理能力的各种信息传感设备及系统,如传感器、射频标签读写装置、条码与二维码设备、全球定位系统和其他基于物—物通信模式(Machine to Machine,M2M)的短距无线自组织网络,以及通过各种接入网与互联网结合起来而形成的一个巨大智能网络。物联网在互联网的基础上,将任何时间、任何地点、任何人之间的沟通和连接,扩展到任何时间和任何地点、任何人与任何物、任何物与物之间的交互和连接,奠定人机物融合的基础[1]。

1.2 物联网发展趋势

1.2.1 物联网起源

计算机技术、无线通信以及微电子技术的高速发展,促进了互联网技术广泛应用,使互联网覆盖到世界的各个角落,并且深入到世界各国的经济和社会生活,改变了几十亿网民的生活和工作方式。然而,互联网上网络空间(Cyber Space)关于人类社会、文化、科技等的信息数据一般还是依赖于人工的输入、生产和管理。物理空间(Physical Space)信息的自动获取和与融合,是迈向人机物融合的关键。为此,人们设想如果将无线射频识别(Radio Frequency Identification,RFID)技术、无线传感网技术以及通信技术与"物"的信息采集和处理结合起来,就能够将互联网的覆盖范围从"人"扩大到"物",构建人机物融合,从而能够将人从简单的重复性工作中解放出来,去更好地实现自身的价值[2,3]。这个设想其实就是物联网技术的早期萌芽。

1.2.2 物联网发展

从物联网的概念诞生到如今,从最初的思想萌芽到广泛应用的智能生活场景,再到如今与云计算、5G、B5G乃至6G等新兴技术融合的智慧物联网,物联网在生活中的应用和影响越来越广泛[4,5]。物联网的发展,大致经历了4个阶段:思想萌芽阶段、技术研发阶段、应用探索阶段、成熟发展阶段。

思想萌芽阶段:2005年以前是物联网思想的萌芽阶段。Mark Weiser博士在1988年提出的"普适计算"的思想是物联网概念的前身。他认为微型化、网络化和低廉化的普适计算设备将广泛应用于日常生活的各个场所,人们可以随时随地获得需要的信息和服务。此时的"物联网",已经首次涉及了感知、传送和交互,但它仅仅只是一个雏形,更多的是作为一种思想暗示着某项科技即将诞生。

技术研发阶段:2005—2010年为物联网的技术研发探索阶段。更多地表现为物联网核心技术(包括射频识别技术、传感技术和信息通信技术等)的研发探索与广泛应用。2005年,国际电信联盟在一项报告中指出,世界上所有的物体从轮胎到家居、从房屋到车辆都可以通过相关技术实现相互之间的互联与通信。2009年,全球物联网发展开始迈向高速发展的赛道,多个国家将发展物联网提升到国家的战略地位。此时的物联网发展已进入核心技术研发探索以及初步应用阶段,也开始强调人对物的智能化识别与管理,但缺少一种人与物、物与物之间的相互联通。

应用探索阶段:2010—2020年为物联网的应用探索阶段。在这一阶段,得益于相关技术研发探索阶段的积累,物联网技术在社会生活中得到了广泛的应用,如智能家居由早期的单品智能阶段迈入真正的物联网阶段,各个智能单品可以互联互通,并且可以实现物与人之间的远程实时交互与管理,极大地提升了用户的使用体验,提高了用户生活的舒适性和便捷性。又如基于物联网技术的智能交通监控系统,将路面铺设的各类传感器、车载导航和智能交通服务器等设备进行连接,构建包括道路、车辆和行人信息的反馈、收集与分析系统,可为用户提供道路通行情况查询与最优出行方案制订等服务[6]。

成熟发展阶段:2020年以来,物联网与新兴的大数据、云计算、5G、人工智能等技术结合,产生了许多新的概念(如Artificial Internet of Things,AIoT)以及新的应用场景。近年来流行的自动驾驶系统就是一个典型案例。自动驾驶系统在运行时,会利用各种传感器(如惯性测量单元IMU、各类摄像头、各类雷达等)对汽车自身及周围的环境进行感知,然后将数据交由车载处理单元或者传输到云计算平台(以下简称云平台)。云平台将大量的来自不同汽车的传感器数据汇聚,并利用大数据或人工智能技术进行分析,以提取驾驶行为、道路有关信息以及其他的关键信息,从而促进自动驾驶技术的发展与成熟。此外,上述过程基于5G等先进通信与网络技术进行传输,为低延迟信息传输提供保障,也是信息技术融合发展的一个代表[7]。

1.3 物联网系统架构与关键技术

从架构上来看,物联网系统可分为3层:感知层、网络层和应用层[8](图1-1)。

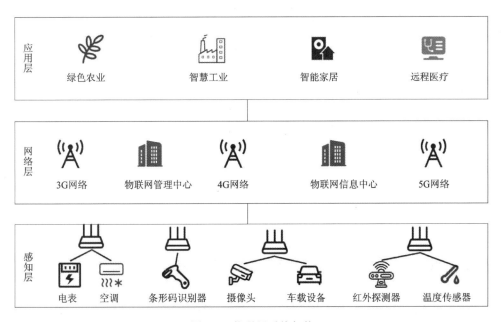

图1-1 物联网系统架构

1.3.1 感知层

感知层又叫感知控制层,是物联网体系结构的基础支撑,主要用于采集物理世界中发生的物理事件和数据,包括各类物理量、标识、音频、视频数据。物联网的信息采集涉及传感器、射频识别技术、二维码和实时定位(如北斗定位系统、GPS)等技术。

物联网感知技术最早可追溯到20世纪50年代的条形码,由美国工程师Norman Woodland发明用来解决零售商对商品自动识别和库存管理的问题。随着科技的发展,条形码的存储特点已经不能满足更加多样化的存储需求,二维码技术应运而生。二维码相较于条形码读取速度更快、容错性更高,具有更大的灵活性和实用性。RFID技术也属于感知技术范畴,相对于二维码技术,RFID技术具有可遮挡识别、耐用性高等优点,但同时存在成本较高且部署相对复杂等问题。此外,物联网中还存在各种传感器可以对现实世界中的各种参数,如温度、湿度、压力等进行感知,可与二维码、RFID等技术共同构建完整的物联网感知系统。

1.3.2 网络层

网络层由各种私有网络、互联网、有线和无线通信网等组成，主要解决感知层所获数据的传输问题，以实现更加广泛的互联功能。目前在物联网领域常见的网络通信技术包括 LoRa、NB-IoT、ZETA、ZigBee、Wi-Fi、蓝牙、4G/5G 通信网络等。

物联网中的通信技术按传输距离的远近可分为短距离无线通信技术和远距离无线通信技术。其中 ZigBee、蓝牙、Wi-Fi 等通信技术功耗、通信速率合适，协议完善稳定，可应用于智能家居、独立小商铺等小区域场所，属于短距离无线通信技术；LoRa、ZETA 适用于区域大、设备数量多、数据量不大、设备固定的场景，如楼宇城市的设备状态监控、环境监控、远程控制等；NB-IoT 适用于移动性强、设备分散、设备数量大、数据量小、设备独立无需多设备协同的运行场景，例如移动物品或车辆的监控和控制等场景，与 LoRa、ZETA 等同属于远距离无线通信技术。

1.3.3 应用层

应用层的功能是将底层的感知层和网络层提供的数据与功能转化为实际的应用程序及用户体验。这些应用程序能够提供更智能、更便捷的服务，以满足不同领域的需求和挑战。

应用层是物联网系统中最直接影响用户和业务的一层，也是物联网架构的最终实现环节，主要目标是利用云计算技术将感知层采集的数据进行计算、处理和知识挖掘，从而对物理世界进行实时控制、精确管理和科学决策，如智能家居应用可以让用户通过智能手机控制家庭设备，智能城市应用可以优化交通流量，工业自动化应用可以监控生产线并提高效率。如今，随着科技的发展和智能设备的广泛应用，云平台需要处理的数据量急剧增加，因此近几年物联网行业的讨论热点也逐步从云平台转向了边缘计算，即将部分数据放在边缘进行处理以缓解云平台的计算压力。

1.4 物联网实际应用

1.4.1 智慧城市

如图 1-2 所示，智慧城市利用物联网、移动网络等技术感知和使用各种信息，整合各种专业数据，建设一个包含行政管理、城市规划、应急指挥、决策支持等综合信息的城市服务、运营管理系统。智慧城市管理运营体系涉及公安、娱乐、餐饮、环保、城建、交通、规划和园林绿化、水电、电信等领域,还包含消防、天气等相关业务,以城市管理要素和事项为核心,以事项为相关行动主体,加强资源整合、信息共享和业务协同,实现政府组织架构和工作流程优化重组,推动管理体制转变,充分发挥城市服务的优势。

图 1-2 智慧城市

1.4.2 智慧医疗

如图 1-3 所示,智慧医疗利用物联网和传感仪器技术,将患者与医务人员、医疗机构、医疗设备有效地连接起来,使得整个医疗过程信息化、智能化。智慧医疗使从业者能够搜索、分析和引用大量科学证据来支持自己的诊断,并通过网络技术实现远程诊断、远程会诊、临床智

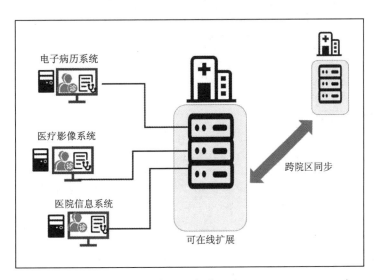

图 1-3 智慧医疗

能决策、智能处方等功能。建立不同医疗机构之间的医疗信息集成平台,整合医院之间的业务流程,共享和交换医疗信息与资源,跨医疗机构还可以实现网上预约和双向转诊,这使得"小病社区、大病住院、康复社区"的就医模式成为现实,极大地提高了医疗资源的合理配置,真正做到以患者为中心。

1.4.3 智慧交通

智慧交通系统是先进的信息技术、数据通信传输技术、电子传感技术、控制技术和计算机技术在整个地面交通管理系统中的综合有效应用。如图 1-4 所示,物联网技术在智慧交通中的应用包括交通感知与监控、交通信息服务、交通决策与控制、交通管理与调度等。通过物联网技术,交通管理部门可以实时掌握道路交通状况,对交通流量进行检测和分析,提供实时的交通信息服务,优化交通资源的调度和管理,提高行人的出行满意度。

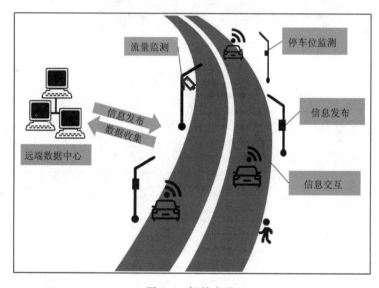

图 1-4 智慧交通

1.4.4 智慧工业

在供应链管理、自动化生产、产品和设备监控与管理、环境监测和能源管理、安全生产管理等诸多方面,物联网起到了至关重要的作用。近几年,工业生产的信息化和自动化取得了巨大的进步,但是各个系统间的协同工作并没有得到很大的提升,它们还是相对独立地在工作。现在如图 1-5 所示,利用先进的物联网技术,与其他先进技术相结合,各个子系统之间可以有效地连接起来,使工业生产更加快捷高效,实现真正的智能化生产和智慧工业。

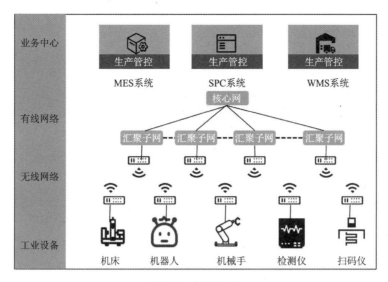

图 1-5 智慧工业

1.4.5 智慧农业

智慧农业就是将物联网技术运用到传统农业中去,运用传感器和软件,通过移动平台或者电脑平台对农业生产进行控制,使传统农业更具有"智慧"。如图 1-6 所示,在基于 IoT 的智能农业中,可以构建一个用于借助传感器(光、湿度、温度、土壤湿度等)监视作物田地并进行自动化灌溉的系统,耕种者可以从任何地方实时监测并根据实际情况进行管理。与传统方法相比,基于物联网的智慧农业可以大大提高耕种者的生产效率。

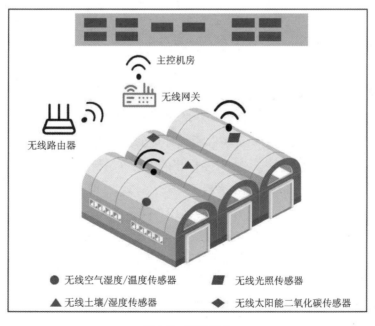

图 1-6 智慧农业

第 2 章 物联网感知层

2.1 传感器

在物联网技术体系结构中,感知层处于物联网的最底层,充当着物联网的基石。物联网感知层负责感知和收集来自物理世界的变化,并进一步将这些实时变化产生的信号转化为可供处理和应用的数据,用于支持上层的智能决策和数据分析。感知层的功能主要包括传感器节点的部署、数据采集、信号预处理和数据传输等。其中,传感器作为关键组成部分,在感知层中负责协助物联网系统收集如温度、湿度、压力和光照等各种环境数据。传感器通过网络将收集到的数据传输到云端或其他相关的系统中进行分析和处理,从而实现智能化的控制和管理[9]。随着物联网的迅速普及,传感器已经无处不在,为我们的日常生活提供了巨大的便利。

以下详细介绍 3 种常用的环境传感器,分别是温度传感器、湿度传感器和 PM2.5 传感器。

2.1.1 温度传感器

温度传感器是物联网中常用的传感器之一,用于监测和测量环境温度。温度传感器的作用是将温度变化转化为电信号,从而能够被物联网设备和系统获取与处理。温度传感器能够实时测量精准的温度数据,帮助用户了解和掌握环境的实时温度或监测环境的温度变化,可以应用于环境温度控制、设备过热保护、环境数据的收集等场景中。

LM35 是物联网中常见的温度传感器型号之一,如图 2-1 所示。它是一种基于模拟输出的温度传感器,具有高精度和线性特性。LM35 基于温度对其内部电阻的影响来感知温度,包含了一个精确的温度感应电路,当温度升高时,传感器内部电阻值也随之升高,从而导致输出电压增加。LM35 可以直接测量摄氏温度,并将温度转换为输出电压,对应温度每摄氏度增加 10mV。

图 2-1 LM35 实物图

LM35温度传感器通常采用三引脚封装结构,其中包括一个供电引脚(Vcc)、一个地引脚(GND)和一个输出引脚(Vo),如图2-2所示。使用LM35温度传感器时,需要将其供电引脚(Vcc)连接到电源正极(通常电压是3.3~5V),地引脚(GND)连接到电源负极或地线,输出引脚(Vo)连接到微控制器或模数转换器的输入引脚,测量输出引脚(Vo)的输出电压再通过转换计算获得温度数据。

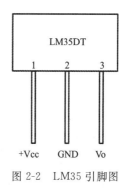

图2-2 LM35引脚图

2.1.2 湿度传感器

湿度传感器是一种用于测量环境湿度的设备,在物联网中起着重要的作用。湿度传感器的作用是将环境中的湿度信息转化为电信号,从而能够被物联网设备和系统获取和处理,帮助用户了解和掌握环境的湿度状况。另外,湿度传感器可以应用在环境湿度控制、预防霉菌和腐蚀、空调与加湿器控制、生物医学应用等场景中,并在农业、食品加工、仓储、医疗和家庭设备等诸多领域发挥重要的作用。

DHT11是物联网中常见的湿度传感器之一,如图2-3所示。它是一种有已校准数字信号输出的温湿度传感器,具有低成本和简单易用的特点。DHT11可以测量环境的湿度和温度,并通过数字信号输出。DHT11利用湿度传感器和温度传感器测量环境中的湿度与温度,湿度传感器通过电阻变化来测量环境湿度,而温度传感器则利用热敏电阻来测量环境温度。

DHT11传感器的结构是由1个湿度传感器和1个温度传感器组成,并被封装在1个小型塑料外壳中,总共有4个引脚,其中3个引脚用于连接,包括1个供电引脚(Vcc)、1个地引脚(GND)和1个数据引脚(Data),如图2-4所示。使用DHT11传感器时,需要将其供电引脚(Vcc)接到电源正极(通常电压是3.3~5V),将地引脚(GND)接到电源负极或地线,将数据引脚(Data)连接到微控制器或其他数字输入设备。

图2-3 DHT11实物图

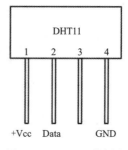

图2-4 DHT11引脚图

2.1.3 PM2.5 传感器

PM2.5 传感器是一种用于检测和监测空气中 PM2.5 颗粒物浓度的设备。它主要用于测量细小颗粒物的含量,其中 PM2.5 代表空气中直径小于或等于 $2.5\mu m$ 的颗粒物。PM2.5 传感器的主要功能是通过使用光学或电子方法来测量和检测空气中的 PM2.5 颗粒物。PM2.5 传感器通常包括 1 个探测器和 1 个数据处理单元,传感器中的探测器使用 1 个采样系统来收集空气中的颗粒物,并利用光学或电子技术来测量颗粒物的浓度,而数据处理单元则负责处理和分析收集到的数据,并提供相关的浓度信息。通过实时监测 PM2.5 浓度,人们可以了解空气质量的情况,采取必要的措施来保护自己的健康。另外,PM2.5 传感器还可以用于实现室内空气质量自动调节、城市环境监测和管理等场景中。

SDS011 是物联网中常见的 PM2.5 传感器之一,如图 2-5 所示。它是一种数字输出的激光粉尘传感器,专门用于测量空气中的细颗粒物(PM2.5)。SDS011 激光 PM2.5 传感器利用激光散射原理来测量空气中的颗粒物。该传感器首先通过搭载的激光器产生激光光束,照射空气中的颗粒物,随后该传感器利用光敏传感器测量到散射的光强度,从而得出颗粒物的浓度。

图 2-5 SDS011 实物图

SDS011 传感器通常由 1 个激光器和 1 个光敏传感器组成,并被封装在 1 个紧凑的塑料外壳中。SDS011 共有 7 个引脚,通常使用其中 4 个引脚连接单片机,包括 1 个供电引脚(Vcc)、1 个地引脚(GND)、1 个数据发送引脚(TX)和 1 个数据接收引脚(RX),如图 2-6 所示。未使用的引脚包括 1 个保留引脚(NC),2 个以 PWM 输出的检测输出引脚($1\mu m$ 和 $2.5\mu m$)。使用 SDS011 传感器时,需要将其供电引脚(Vcc)接到电源正极(通常电压是 5V),将地引脚(GND)接到电源负极或地线,将数据发送引脚(TX)连接到微控制器或其他串口接收器。

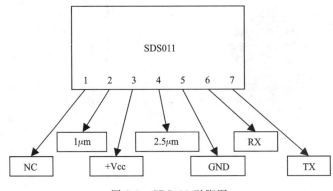

图 2-6 SDS011 引脚图

2.2 驱　　动

按照各类传感器的设计,可通过数据收发引脚获取数据,但每次利用传感器的时候都需要程序员理解传感器的构成与数据读写操作规则,严重阻碍了应用层的程序开发效率与应用创新。为此,我们可以开发驱动程序从而定义操作系统与设备间通信的接口。本节我们将以传感器数据的读写为例了解什么是驱动以及如何开发驱动程序。

2.2.1 驱动的概念

驱动的全称为设备驱动程序,是添加到操作系统中的特殊程序,其中包含有关硬件设备的信息,通过该信息能够使计算机与相应的设备进行通信[10]。每个硬件设备都需要相应的驱动程序才能在计算机系统中正常工作。驱动程序通常由硬件设备的制造商开发,并与操作系统配合使用,包含特定的指令和代码,以实现与硬件设备的通信。当硬件设备连接到计算机时,操作系统一般会自动加载相应的驱动程序,以便识别设备并提供相应的功能和服务。驱动程序的作用是提供一个接口,以便操作系统和应用程序与硬件设备进行交互,允许计算机系统发送指令和数据给硬件设备,同时从设备接收数据和反馈。驱动程序还负责处理硬件设备的特殊功能,如打印机的打印功能或键盘的按键输入等。如果计算机系统中缺少适当的驱动程序,可能会导致硬件设备无法正常工作或无法与操作系统进行正确通信。因此,当有新的硬件设备接入系统时,通常需要安装相应的驱动程序,以确保设备可以在计算机系统中正常运行。

物联网中的传感器驱动是连接传感器设备与物联网系统之间的软件程序,可用于管理传感器设备的数据采集、通信以及传感器与物联网系统的交互。传感器驱动扮演了一个关键的角色,它负责与传感器设备进行通信并提供适当的接口和功能。一般来说,传感器会通过驱动程序与系统连接并将检测到的环境参数或物理量转换为数字信号,使得物联网系统可以正确地读取和解析传感器数据。

2.2.2 驱动的发展历史

传感器驱动的发展与计算机和嵌入式系统技术的迅速发展密切相关。随着计算机技术的不断进步,各种新型传感器被开发出来,为各领域的应用提供了更高的感知精度和更多的功能。随着传感器与计算机和嵌入式系统技术的深度结合,驱动程序在物联网领域的发展经历了以下几个阶段。

1) 早期阶段

在物联网发展的早期阶段，传感器的应用范围相对有限，常见的传感器包括温度传感器、光照传感器以及压力传感器等。驱动程序与硬件之间的交互主要依赖底层编程。当开发人员需要在物联网系统中使用特定的传感器时，对应的驱动程序就需要被编写。这要求开发人员对传感器的规格和接口有深入的了解。他们需要编写自定义的驱动程序，以便与特定的传感器进行通信并实现数据的采集和处理。

2) 驱动标准化和通用化

随着计算机和嵌入式系统技术的迅猛发展，传感器驱动也开始向标准化和通用化的方向迈进。在这个过程中，制订统一的传感器接口和通信协议变得至关重要。统一接口和通信协议的应用，可以更好地实现各种传感器和设备之间的互操作性与兼容性。通过使用这些标准协议，传感器驱动可以轻松地与各种外围设备进行通信和数据交换。标准化和通用化的发展使得传感器驱动能够更容易地与不同的硬件设备与操作系统进行集成，不再需要为每一种设备编写独立的驱动程序，而是可以采用通用的接口和协议进行驱动开发。这样，当新的传感器或设备出现时，只需按照统一的标准进行驱动开发，就可以在各种硬件平台和操作系统中广泛应用。此外，标准化和通用化的趋势也促进了传感器驱动的可扩展性与灵活性。传感器驱动可以在不同的应用场景中重复使用，而不需要进行大量的修改和订制，可以更快速地推出新的传感器驱动和应用。

3) 设备即插即用

随着设备自动识别和即插即用技术的成熟，驱动程序的开发和安装变得更加简化。现代操作系统可以自动检测传感器设备并安装适当的驱动程序，使设备能够在系统中运行。这种即插即用的能力极大地简化了驱动程序的安装过程，不再需要用户进行手动安装和配置。操作系统可以根据设备的标识和特征自动查找并下载所需的驱动程序，使用户不再需要寻找和下载驱动程序。一旦传感器设备连接到系统，驱动程序就会被加载，无需重启或手动启动，这意味着用户可以立即开始使用传感器设备，无需等待繁琐的驱动程序安装过程完成。自动安装和配置的驱动程序还提供了更好的兼容性和稳定性，操作系统可以检测并加载适合该设备的最新驱动程序，确保设备与操作系统的兼容性和稳定性。此外，操作系统定期检查并更新驱动程序，以修复问题或提供新的功能和性能优化。传感器驱动程序的自动加载使得传感器设备的使用变得更加简单和高效，既减少了用户工作量，又降低了潜在的错误和不稳定性的风险。用户只需插入传感器设备，操作系统就会自动处理驱动程序的安装和配置，提供更好的使用体验。

2.3 应用与实践

上文介绍了传感器驱动的概念，下面将详细介绍如何配置和部署传感器，以及如何通过驱动正确获取传感器所采集的数据。为了实现这一目标,实验中将利用STM32单片机开发板来接收传感器采集的数据,然后通过STM32单片机将数据发送给树莓派(Raspberry Pi)以便进一步的数据处理。实验将以光敏传感器为例,将传感器接入STM32单片机开发板,让读者了解传感器的数据采集与读取,随后实现STM32单片机与树莓派之间的通信,学习串口通信、中断和直接内存访问(Direct Memory Access,DMA)通信的原理,在上述基础上最后开发传感器驱动程序,实现传感器的即插即用。

2.3.1 串口与DMA方式获取传感器数据

本节将使用串口以及DMA方式实现传感器与STM32单片机之间的通信,从而获取传感器采集的数据。串口通信是一种通过串行端口(Serial Port)在设备之间传输数据的通信方式。在串口通信中,数据位逐个传输,按照顺序一个接一个地发送和接收。这些串行端口可以是计算机的物理端口,也可以是通过USB转换器或其他串口转换设备连接的端口。串口通信通常用于连接计算机和外部设备,如打印机、传感器、微控制器、调制解调器等。

在串口通信过程中,需要一种机制来处理数据的到来和传输。在计算机系统中,通常使用中断来支持异步事件处理的机制,即允许设备或软件在某些特定事件发生时通知处理器,从而打断当前程序的正常执行,转而执行特殊的中断处理程序。因此,在串口通信中,中断也常被用来及时响应和处理这些数据,确保即使在处理其他任务时,也能及时响应和处理串口数据的到来,并保证数据的准确性和及时性。

频繁的串口通信会导致大量的中断产生,造成频繁的上下文切换和保存状态,使得CPU负载较高,这对于资源十分有限的物联网设备来说是不可接受的,为此本书将使用直接内存访问技术。该技术是一种无需CPU介入的数据传输方式[11]。DMA控制器允许外设(如硬盘、网络接口、串口等)直接和系统内存进行数据传输,而无需CPU参与每一个数据传输的过程[12]。这降低了CPU的负担,减少了因数据传输而引起的中断开销。在串口通信中,DMA可以被用来直接传输大量的数据,而无需CPU介入,从而提高了数据传输的效率。

本节将以光敏电阻传感器为例,使用串口与DMA方式,实现传感器的数据读取以及树莓派与STM32单片机之间的通信,并通过开发传感器驱动实现传感器的即插即用,方便后续开发。

2.3.1.1 光敏电阻传感器与STM32单片机连接

光敏电阻传感器实物如图2-7所示,该传感器模块一共有4个针脚,其中Vcc和GND分别接电源正极(3.3～5V)和接地。对于数字信号输出端(Digital Output,Do),当模块在环境光线亮度达不到设定阈值时,DO 端输出高电平,当外界环境光线亮度超过设定阈值时,DO 端输出低电平;模拟信号输出端(Analog Output,AO)可以和模拟/数字转换(Analog to Digital,AD)模块相连,通过 AD 转换,可以获得环境光照强度更精准的数值。

图 2-7 光敏电阻传感器

在本次实验中,使用 AO 端与 STM32 单片机的 ADC 模块相连,通过 STM32 单片机的 ADC 来获取周围环境光照强度的具体数值。通过查看 STM32 单片机 ADC 通道和引脚对应关系图(图 2-8 所示)确定传感器如何与 STM32 单片机相连。

	通道1	通道2	通道3
通道0	PA0	PA0	PA0
通道1	PA1	PA1	PA1
通道2	PA2	PA2	PA2
通道3	PA3	PA3	PA3
通道4	PA4	PA4	PF6
通道5	PA5	PA5	PF7
通道6	PA6	PA6	PF8
通道7	PA7	PA7	PF9
通道8	PB0	PB0	PF10
通道9	PB1	PB1	
通道10	PC0	PC0	PC0
通道11	PC1	PC1	PC1
通道12	PC2	PC2	PC2
通道13	PC3	PC3	PC3
通道14	PC4	PC4	
通道15	PC5	PC5	
通道16	温度传感器		
通道17	内部参照电压		

图 2-8 STM32 单片机 ADC 通道和引脚对应关系图

在此次实验中,通过 ADC3 中的通道 3 来获取传感器采集到的数据。ADC1 中的通道 16 和通道 17 已经被温度传感器和内部参照电压占用,因此可以选择除此之外任意 ADC 中的任意一个通道来获取数据,为此,需要将光敏电阻传感器的 AO 端与 STM32 单片机的 PA3 引脚相连,Vcc 和 GND 分别接 STM32 单片机的 5V 或 3.3V 引脚,GND 与 STM32 单片机的 GND 引脚相连。连接实物如图 2-9 所示。连接完成后,即可以开始编写代码来获取传感器的数据。

图 2-9　光敏电阻传感器连接实物图

2.3.1.2　STM32 单片机串口读写(DMA 方式)

本次实验的主要目标是在 STM32 单片机端,使用 DMA 方式读取串口中的数据,或者向串口中写入数据。

1)初始化串口

STM32 单片机写串口的过程比较简单。首先初始化要使用的串口引脚,设置波特率、数据位、停止位和奇偶校验等参数,然后调用库函数 USART_SendData()向串口发送数据。由于 USART_SendData()函数每次向串口发送一个字符,要想向串口发送字符串,需多次调用该函数。

通过查看 STM32F103 系列的原理图(图 2-10)确定要用到的引脚。在本次实验中,具体使用 PA9 和 PA10 引脚,因为本次使用的 STM32 单片机开发板中有 USB 接口转 TTL 串口模块,使用这两个引脚只需要用一根 USB 数据线即可将 STM32 与树莓派通过串口连接起来,不需要额外的线来连接。

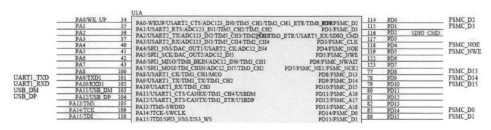

图 2-10　STM32F103 系列原理图

但是仍需要能够实现串口通信的 DMA 发送和接收功能,其使能语句如下:

```
USART_DMACmd(USART1,USART_DMAReq_Tx,ENABLE);   //使能串口 USART1 的 DMA 传输请求信号,以
                                                启动 DMA 传输
USART_DMACmd(USART1,USART_DMAReq_Rx,ENABLE);   //使能串口 USART1 的 DMA 接收请求信号,以
                                                启动 DMA 接收
```

2)DMA 初始化

如图 2-11 所示,通过查看各个通道的 DMA1 请求表,可以看出 USART1_TX 与 USART1_RX 的 DMA1 请求分别在通道 4 和通道 5 上。要实现串口 DMA 收发数据,需要对通道 4 和通道 5 分别进行配置。配置参数包括内存地址、外设地址、传输数据长度、数据宽度和通道优先级等。在下面的初始化代码中将介绍每个参数的设置。

外设	通道1	通道2	通道3	通道4	通道5
ADC1	ADC1				
SPI/I²S		SPI1_RX	SPI1_TX	SPI/I2S2_RX	SPI/I2S2_TX
USART		USART3_TX	USART3_RX	USART1_TX	USART1_RX
I²C				I2C2_TX	I2C2_RX
TIM1		TIM1_CH1	TIM1_CH2	TIM1_TX4 TIM1_TRIG TIM1_COM	TIM1_UP
TIM2	TIM2_CH3	TIM2_UP			TIM2_CH1
TIM3		TIM3_CH3	TIM3_CH4 TIM3_UP		
TIM4	TIME4_CH1			TIM4_CH2	TIM4_CH3

图 2-11 DMA 初始化参数设置

```
# define RECEIVE_BUF_SIZE 255
# define SEND_BUF_SIZE 255
//发送或接收过程缓冲区定义,全局变量
//接收缓冲
uint8_t  ReceiveBuff[RECEIVE_BUF_SIZE];
//发送数据缓冲区
uint8_t  SendBuff[SEND_BUF_SIZE];
uint16_t ReceiveSize = 0;


//接收缓冲
uint8_t  cache_ReceiveBuff[RECEIVE_BUF_SIZE];
//发送数据缓冲区
uint8_t  cache_SendBuff[SEND_BUF_SIZE];
uint16_t cache_ReceiveSize = 0;

void DmaConfig(void)
{
    //定义相关变量
    DMA_InitTypeDef  DMA_Init;
    NVIC_InitTypeDef NVIC_Init;
    //时钟配置
    RCC_AHBPeriphClockCmd(RCC_AHBPeriph_DMA1, ENABLE);
```

/* 配置USART1发送 * /

```
DMA_DeInit(DMA1_Channel4);
//DMA 外设地址
DMA_Init.DMA_PeripheralBaseAddress = (u32)&USART1->DR;
//DMA 存储器地址
DMA_Init.DMA_MemoryBaseAddress = (u32)SendBuff;
//存储器到外设模式
DMA_Init.DMA_DIR = DMA_DIR_PeripheralDST;
//数据传输量
DMA_Init.DMA_BufferSize = SEND_BUF_SIZE;
//外设非增量模式
DMA_Init.DMA_PeripheralInc = DMA_PeripheralInc_Disable;
//存储器增量模式
DMA_Init.DMA_MemoryInc = DMA_MemoryInc_Enable;
//外设数据长度:8位
DMA_Init.DMA_PeripheralDataSize = DMA_PeripheralDataSize_Byte;
//存储器数据长度:8位
DMA_Init.DMA_MemoryDataSize = DMA_MemoryDataSize_Byte;
//使用普通模式
DMA_Init.DMA_Mode = DMA_Mode_Normal;
//中等优先级
DMA_Init.DMA_Priority = DMA_Priority_Medium;
//DMA 通道 x 没有设置为内存到内存传输
DMA_Init.DMA_M2M = DMA_M2M_Disable;
//初始化 DMA
DMA_Init(DMA1_Channel4, &DMA_Init);
DMA_ITConfig(DMA1_Channel4, DMA_IT_TC, ENABLE);
```

/* 配置USART1接收 * /

```
DMA_DeInit(DMA1_Channel5);
//DMA 外设地址
DMA_Init.DMA_PeripheralBaseAddress = (u32)&USART1->DR;
//DMA 存储器地址
DMA_Init.DMA_MemoryBaseAddress = (u32)ReceiveBuff;
//外设到存储器模式
```

```
DMA_Init.DMA_DIR = DMA_DIR_PeripheralSRC;
//数据传输量
DMA_Init.DMA_BufferSize = RECEIVE_BUF_SIZE;
//外设非增量模式
DMA_Init.DMA_PeripheralInc = DMA_PeripheralInc_Disable;
//存储器增量模式
DMA_Init.DMA_MemoryInc = DMA_MemoryInc_Enable;
//外设数据长度:8 位
DMA_Init.DMA_PeripheralDataSize = DMA_PeripheralDataSize_Byte;
//存储器数据长度:8 位
DMA_Init.DMA_MemoryDataSize = DMA_MemoryDataSize_Byte;
//使用普通模式
DMA_Init.DMA_Mode = DMA_Mode_Normal;
//中等优先级
DMA_Init.DMA_Priority = DMA_Priority_Medium;
//DMA 通道 x 没有设置为内存到内存传输
DMA_Init.DMA_M2M = DMA_M2M_Disable;
//初始化 DMA Stream
DMA_Init(DMA1_Channel5,&DMA_Init);
DMA_ITConfig(DMA1_Channel5,DMA_IT_TC,ENABLE);

/* * * * * * * * * * * * * * * * * * * * * * * * * * 配置 NVIC* * * * * * * * * * *
* * * * * * * * * * * * * /
//嵌套向量中断控制器组选择
NVIC_PriorityGroupConfig(NVIC_PriorityGroup_4);
//配置 USART1 发送
//设置中断
NVIC_Init.NVIC_IRQChannel = DMA1_Channel4_IRQn;
//设置抢占优先级
NVIC_Init.NVIC_IRQChannelPreemptionPriority = 1;
//设置响应优先级
NVIC_Init.NVIC_IRQChannelSubPriority = 0;
//IRQ 通道使能
NVIC_Init.NVIC_IRQChannelCmd = ENABLE;
//初始化操作
NVIC_Init(&NVIC_Init);

// 配置 USART1 接收
NVIC_Init.NVIC_IRQChannel = DMA1_Channel5_IRQn;
```

```
    NVIC_Init.NVIC_IRQChannelPreemptionPriority = 2;
    NVIC_Init.NVIC_IRQChannelSubPriority = 0;
    NVIC_Init.NVIC_IRQChannelCmd = ENABLE;
    NVIC_Init(&NVIC_Init);
    //开启 DMA 传输
    DMA_Cmd(DMA1_Channel5, ENABLE);
}
```

在初始化串口和 DMA 后,就可以开始定义相关的发送和接收函数向串口发送数据或者从串口读取数据。

3) 发送数据到串口

在完成 DMA 配置以及使能串口 DMA 发送功能之后,可以使能 DMA 传输通道来开启 DMA 传输。相应的发送函数如下:

```
/* *
@ brief 开启一次 DMA 传输
@ param DMA_Streamx DMA 数据流,通道
@ param ndtr 数据传输量
@ return 无
*/
void DmaSendData(DMA_Channel_TypeDef * DMA_Stream_x,uint16_t ndtr)
{
    //关闭 DMA 传输
    DMA_Cmd(DMA_Stream_x, DISABLE);
    //指定数据传输量
    DMA_SetCurrDataCounter(DMA_Stream_x,ndtr);
    //使能 DMA 传输通道,开启 DMA 传输
    DMA_Cmd(DMA_Stream_x, ENABLE);
}
/* *
@ brief 串口 1 使用 DMA 发送多字节,从发送缓存区中发送数据
@ param pSendInfo 要发送的数据
@ param nSendCount 发送数据的长度
@ return 无
*/
void Uart1DmaSendString(char* p_SendInfo, uint16_t n_SendCount)
{
    uint16_t i = 0;
    uint8_t * pBuf = NULL;
```

```c
//指向发送缓冲区
pBuf = SendBuff;
//将要发送的数据复制到发送缓冲区中
for (i= 0; i< n_SendCount; i++ )
{
    * pBuf++ = p_SendInfo[i];
}
//DMA 发送方式
//开始一次 DMA 传输
DmaSendData(DMA1_Channel4, n_SendCount);
}
```

当串口使用 DMA 发送完成一次数据后,会发送一次中断,因此需要定义相应的中断函数

```c
void DMA1_Channel4_IRQHandler(void)
{
    //清除标志
    //等待传输完成
    if(DMA_GetFlagStatus(DMA1_FLAG_TC4)! = RESET)
    {
        DMA_ClearFlag(DMA1_FLAG_TC4);//清除传输完成标志
    }
}
```

4)读取串口数据

当一次 DMA 数据传输完成后,会产生中断,使用中断函数获取到一次接收的数据。完成这些步骤就可以使用 DMA 方式在 STM32 单片机上读写串口。

```c
void DMA_Channel_IRQHandler(void)
{
    //清除标志
    //等待传输完成
    if(DMA_GetFlagStatus(DMA1_FLAG_TC5)! = RESET)
    {
        //关闭 DMA,防止处理期间有数据
        DMA_Cmd(DMA1_Channel5, DISABLE);
        ReceiveSize = RECEIVE_BUF_SIZE - DMA_GetCurrDataCounter(DMA1_Channel5);
        if(ReceiveSize ! = 0)
        {
            //需要重定向 printf 函数到串口才能在上位机上查看串口数据
            printf("receive:% s", ReceiveBuff);
        }
```

```
    //清除 DMA1 传输完成标志
    DMA_ClearFlag(DMA1_FLAG_TC5 | DMA1_FLAG_TE5 | DMA1_FLAG_HT5);
    DMA_SetCurrDataCounter(DMA1_Channel5, RECEIVE_BUF_SIZE);
    //使能 DMA 通道
    DMA_Cmd(DMA1_Channel5, ENABLE);
  }
}
```

2.3.1.3 树莓派获取传感器数据

本次实验的主要目标是将 STM32 单片机读取到的传感器数据通过串口发送到树莓派上。完成这一目标需要在 STM32 单片机端将收集到的传感器数据发送到串口，在 STM32 单片机端向串口发送数据后，在树莓派端就可以通过读取串口来获取到这些传感器数据。在 STM32 单片机端完成串口的写操作以及在树莓派端完成串口的读操作后，就能够在树莓派端获取到这些传感器数据，从而对这些数据作进一步处理。

1）STM32 单片机串口初始化

STM32 单片机的串口初始化过程与本章 2.3.1.2 相同，可按照本章 2.3.1.2 实验中的串口初始化流程进行初始化。

2）核心代码

```
void Usart1_Init(void)
{
    //中断控制初始化结构体
    NVIC_InitTypeDef NVIC_Init;
    GPIO_InitTypeDef gpio_init;
    USART_InitTypeDef usartStruct;

    //1.配置时钟:GPIO 时钟,复用时钟,串口时钟
    RCC_APB2PeriphClockCmd(RCC_APB2Periph_GPIOA,ENABLE);
    RCC_APB2PeriphClockCmd(RCC_APB2Periph_AFIO,ENABLE);
    RCC_APB2PeriphClockCmd(RCC_APB2Periph_USART1,ENABLE);

    //2.配置 GPIO 的结构体
    //初始化发送引脚 PA9 TX
    //GPIO_Mode 设置为复用推挽模式
    gpio_init.GPIO_Mode = GPIO_Mode_AF_PP;
    gpio_init.GPIO_Pin = GPIO_Pin_9;
    //设置 GPIO 引脚速度
    gpio_init.GPIO_Speed = GPIO_Speed_10MHz;
```

```c
//初始化操作
GPIO_Init(GPIOA,&gpio_init);

//初始化接收引脚 PA10 RX
//GPIO_Mode 设置为浮空输入模式
gpio_init.GPIO_Mode = GPIO_Mode_IN_FLOATING;
gpio_init.GPIO_Pin = GPIO_Pin_10;
//设置 GPIO 引脚速度
gpio_init.GPIO_Speed = GPIO_Speed_10MHz;
//初始化操作
GPIO_Init(GPIOA,&gpio_init);

//3.配置串口
//设置波特率
usartStruct.USART_BaudRate = 9600;
//不使用硬件流控制
usartStruct.USART_HardwareFlowControl = USART_HardwareFlowControl_None;
//使能发送和接收
usartStruct.USART_Mode = USART_Mode_Rx | USART_Mode_Tx;
//不使用奇偶校验位
usartStruct.USART_Parity = USART_Parity_No;
//设置停止位
usartStruct.USART_StopBits = USART_StopBits_1;
//设置数据位
usartStruct.USART_WordLength = USART_WordLength_8b;
//初始化串口1
USART_Init(USART1, &usartStruct);

/*
 * NVIC 属于 M3 内核的一个外设,控制着芯片的中断相关功能
 * STM32F103 芯片支持 60 个可屏蔽中断通道,每个中断通道都具备自己的中断优先级控制字节(8位,但是 STM32F103 中只使用 4 位,高 4 位有效),用于表达优先级的高 4 位组成抢占式优先级和响应优先级,每个中断源都需要被指定这两种优先级
 */
//Usart1 NVIC(嵌套向量中断控制器)设置

//设置响应优先级
NVIC_Init.NVIC_IRQChannelSubPriority = 1;
```

```c
    //IRQ 通道使能
    NVIC_Init.NVIC_IRQChannelCmd = ENABLE;
    //初始化操作
    NVIC_Init(&NVIC_Init);
    //使串口能接收中断
    USART_ITConfig(USART1, USART_IT_RXNE, ENABLE);
    //使能串口
    USART_Cmd(USART1, ENABLE);

    //设置 NVIC 中断分组
    NVIC_PriorityGroupConfig(NVIC_PriorityGroup_2);
    //设置中断源
    NVIC_Init.NVIC_IRQChannel = USART1_IRQn;
    //设置抢占优先级
    NVIC_Init.NVIC_IRQChannelPreemptionPriority = 1;
}

//发送一个字符到串口
void Send_Byte(USART_TypeDef* USARTx, uint16_t Data)
{
    //发送字符到串口
    USART_SendData(USART_x, Data);
    // 等待发送数据寄存器为空,防止后来的数据把前面的数据覆盖
    while(USART_GetFlagStatus(USART1, USART_FLAG_TXE) == RESET);
}

//重定向 c 库函数 printf 到串口,在调用 printf 函数时,输出数据到串口
intput_f(int ch, FILE * f)
{
    // 发送一个字节数据到串口
    USART_SendData(USART1, (uint8_t) ch);
    // 等待发送完毕,等待发送缓冲区为空
    while (USART_GetFlagStatus(USART1, USART_FLAG_TXE) == RESET);
    return (ch);
}
```

本实验调用 Usart1_Send_Byte()函数,一次发送一个字符到串口。当然对于采集到的传感器数据,每次仅发送一个字符,操作过于繁琐,因此可以直接使用 printf()函数发送一个字

符串到串口。发送数据的格式为"传感器名:数值",每条数据占一行,以'\n'结尾。调用示例:printf("Light:%.2f\n", value)。

为方便调试,可以在上位机(电脑)上安装串口调试助手来查看上位机(电脑)端串口接收到的数据。在Windows10系统下有很多的串口调试工具,本次实验中,使用的是sscom串口调试工具,可在该实验手册的代码库中对应章节目录下下载,其下载地址:https://gitee.com/zeng-deze/one-student-one-system/releases/tag/SSCOM,下载安装成功后,可以使用该工具方便地调试程序。

3)树莓派读写串口数据

为了能正确读取传感器采集到的数据,需要规定数据的收发格式。本次实验中,规定STM32单片机端发送的数据格式为"传感器名:数值",每条数据占一行,以'\n'结尾。因此在树莓派端,可以按行读取每一条传感器数据。在树莓派上,使用Python语言读取串口是很方便的,使用Python提供的pyserial库可以非常方便地读写串口。其他程序设计语言也有相应的库及类似的操作流程。读取串口的一般流程为:①打开要读取的串口并设置相应的波特率等参数;②按行读取串口上的数据;③显示读取到的数据。以Phython语言为例,具体实现流程如下。

(1)首先在树莓派上安装pyserial库:

```
# 安装pip工具
sudo apt install python-pip
pip install pyserial
```

(2)安装成功后,就可以编写相应的代码,关键代码如下:

```
# 打开串口,视情况填写串口号这一参数
ser = serial.Serial('/dev/ttyUSB0','9600')
if ser.isOpen():
    print('串口打开成功! \n')
else:
    print('串口打开失败! \n')
try:
    while True:
        # 按行读取串口数据
        data = ser.read_until(b'\n').decode('utf-8')
        # 输出数据
        print(data, end='')
except KeyboardInterrupt:
    if ser != None:
        # 关闭串口
        ser.close()
```

本次实验中读取到的数据如图 2-12 所示。

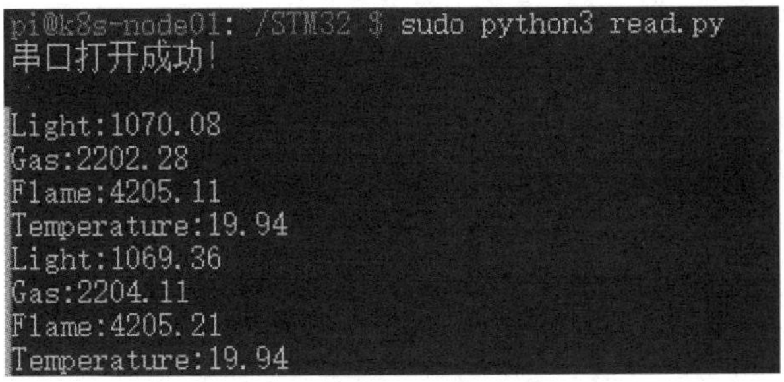

图 2-12 树莓派读取到串口数据示意图

2.3.1.4 树莓派发送数据到 STM32 单片机

本次实验的主要目标是实现从树莓派端向 STM32 单片机端发送数据，STM32 单片机端接收到树莓派发来的数据。具体流程为树莓派端向串口发送数据，并在 STM32 单片机端读取串口上的数据。

1)STM32 单片机读串口数据

STM32 单片机读串口数据也需初始化的串口引脚以及 USART 模块。当 STM32 单片机串口接收到一个字符时，会产生一个中断，因此要自定义相应的中断处理函数来处理串口接收到的数据。初始化操作与本章 2.3.1.2 节的实验中 STM32 单片机写串口操作一样，这里不再进行说明。下面主要介绍串口中断处理函数。

```c
//定义缓存数组及一些标志信息,为全局变量
//串口接收缓冲数组
char R_Cache_Buffer[R_Cache_BufferSize];
//串口接收缓冲数组索引
uint8_t Rx_Counter = 0;
//串口帧接收完成标志位
uint8_t Status_RxFrame = 0;
//串口接收缓冲溢出标志位,1- 溢出,需进行清空缓冲数组,并发送调试信息
uint8_t Status_R_Cache_Buffer_Overflow = 0;

//串口中断处理函数,处理串口收到的数据
void IRQHandler_Usart1(void)
{
    //当串口发生中断时,将接收到的字节保存到缓冲数组中
    if(USART_GetITStatus(USART1,USART_IT_RXNE)! = RESET)
    {
        //缓冲数组未溢出
        if(Rx_Counter <  R_Cache_BufferSize && Status_R_Cache_Buffer_Overflow ! = 1)
```

```c
        {
            //将接收到的字符存储到缓冲数组中
            R_Cache_Buffer[RxCounter++] = (char)USART_ReceiveData(USART1);
            //这条if语句判断是否接收完一个字符串
            if(Rx_Counter > 1)
            {
                //这里规定'#'为一个数据帧的结束符
                if(R_Cache_Buffer[RxCounter- 1] == '#')
                {
                    //串口帧接收完成
                    Status_RxFrame= 1;
                    //重置数组索引
                    Rx_Counter= 0;
                    //失能串口中断,防止数据覆盖
                    USART_ITConfig(USART1, USART_IT_RXNE, DISABLE);
                }
            }
            //缓冲数组中的数据溢出处理
            else
            {
                //失能串口中断
                USART_ITConfig(USART1, USART_IT_RXNE, DISABLE);
                //溢出标志位置1
                Status_R_Cache_Buffer_Overflow= 1;
                //缓冲数组索引重置
                Rx_Counter= 0;
            }
        }
}

//主函数中接收串口数据相应的操作
//接收串口数据
if(Status_R_Cache_Buffer_Overflow! = 1)
{
    if(Status_RxFrame== 1)
    {
        //打印串口接收到的数据
```

```
        printf("text: % s\n", R_Cache_Buffer);
        //数据帧处理完毕后,将帧完成标志位清零
        Status_RxFrame= 0;
        //将缓冲数组清零
        for(i= 0; i< R_Cache_BufferSize; i++ )
        {
            R_Cache_Buffer[i]= 0;
        }
        //重新启用接收中断,以便接收下一个数据帧
        USART_ITConfig(USART1, USART_IT_RXNE, ENABLE);
    }
}
```

2) STM32 单片机写串口数据

为对 STM32 单片机的串口进行控制,在本书所设计物联网系统中,会使用树莓派向 STM32 单片机串口发送数据。下面介绍树莓派写串口的操作。

在树莓派上,使用 Python 语言向串口写数据同样用到了 pyserial 库,写串口的一般流程为:

(1)打开要读取的串口并设置相应的参数。设置的参数如下:①设置串口设备路径为 "/dev/ttyUSB0"。只有设置了正确的 STM32 单片机的串口设备路径,树莓派才能正确地识别。②设置波特率为 9600,波特率是串口通信的重要参数,表示传输数据的速率;设置树莓派和 STM32 单片机上的波特率一致是两个设备正常通信的前提。③设置超时时间为 1,超时时间是指树莓派等待数据传输的最长时间。如果在这段时间内没有接收到数据传输,那么串口设备会抛出一个异常。④设置数据位为 8,表示每个数据字节的位数。⑤设置校验位为 N,用于检测数据传输过程中的错误,本次实验无校验位。

设置停止位为 1,表示每个数据包结束时发送的位数。

(2)调用 write 函数向串口中写数据。相关代码如下:

```
# 打开相应串口并设置相关参数
ser = serial.Serial('/dev/ttyUSB0', '9600', timeout= 1, bytesize= 8, parity= 'N', stopbits= 1)
# 判断串口是否打开成功
if ser.isOpen():
    print('串口打开成功! \n')
else:
    print('串口打开失败! \n')
try:
    while True:
        str1= input("请输入要发送到串口的数据:")
```

```
            # 向串口写入数据,该函数返回写入字符串个数
            result= ser.write((str1).encode('utf- 8'))
            sleep(1)
    except KeyboardInterrupt:
        ser.close()
```

上述步骤在树莓派端向 STM32 单片机发送数据,想要在 STM32 单片机端查看树莓派发来的数据,需要在 STM32 单片机端调用读串口的程序,然后再发送到上位机(电脑/树莓派)上查看收到的数据。

通过本章 2.3.1.2 和 2.3.1.3 的实验,已经实现在树莓派上获取到传感器采集到的周围环境数据,并且还可以通过树莓派向 STM32 单片机发送控制信息。

2.3.2 传感器驱动开发

在物联网环境中,存在众多不同的传感器,若每次连接传感器都需要重新配置,则会消耗大量的人力物力。为使传感器可以即插即用,让开发人员能够专注于物联网应用的开发,传感器驱动就显得至关重要。因此,本节实验将开发传感器驱动,将其编译完成后烧录至开发板中,来实现传感器的即插即用,随后即可在树莓派上调用接口控制传感器。

本次实验需将传感器与 STM32 单片机开发板进行连接,并编写及编译相应的驱动程序以读取传感器采集的数据。然而,STM32 单片机开发板系统资源有限,且输入与显示功能受到限制,因此并不适合作为开发平台。为解决这一问题,需要采用交叉开发的方式。首先,在上位机(电脑)上构建交叉编译环境。交叉编译是指在一个编译平台上编写的程序可以在另一种体系结构不同的目标平台上运行,但该编译平台本身并不能运行该程序,即编译源代码的平台和执行编译后程序的平台为两个不同的平台。在本次实验中的编译平台系统为 Windows10,而编译后的程序可在 STM32 单片机开发板上运行。

搭建交叉编译环境,涉及 Linux 和 Windows 操作系统下不同的集成开发环境(IDE),但其余操作步骤基本相同。本次实验将以 Windows 操作系统为例,介绍构建交叉编译环境的操作过程。

1)IDE 下载与安装

目前 STM32 单片机开发常用的 IDE 有 IAR、MDK 等,本次实验中使用的 MDK,下载地址:https://www.keil.com/download/product/,下载界面如图 2-13 所示。下载完成后,按照提示进行安装,安装完成后就可以进行下一步操作。

2)安装所需芯片包

本次实验中使用的 STM32 单片机为 STM32F103 系列开发板,首先根据我们所使用的 STM32 单片机型号下载 ST 库(STM32F10x_StdPeriph_Lib_V3.5.0),下载地址:https://gitee.com/zeng-deze/one-student-one-system/releases/tag/STM32054。

图 2-13　MDK 集成开发环境下载界面

在完成 ST 官方库的下载之后,新建一个 Project 文件夹,并在里面新建 3 个文件夹,分别为 CMSIS(存放内核函数及启动引导文件)、FWLIB(存放库函数)、USER(存放用户自己的函数),然后将 STM32F10x_StdPeriph_Lib_V3.5.0\Libraries\CMSIS\CM3\CoreSupport 中的文件复制到 CMSIS 中,再分别将 C:\STM32F10x_StdPeriph_Lib_V3.5.0\Libraries\CMSIS\CM3\DeviceSupport\ST\STM32F10x 中的文件全部复制到 CMSIS 中,并将 STM32F10x_StdPeriph_Lib_V3.5.0\Libraries\STM32F10x_StdPeriph_Driver 中的 inc、src 文件复制到 FWLIB 中,并将 STM32F10x_StdPeriph_Lib_V3.5.0\Project\STM32F10x_StdPeriph_Template 中的文件全部复制进 USER 中。至此,实验需要的文件包已经准备好了。

下面需要打开第一步中安装好的 ARM Keil,新建一个工程,保存在刚才新建的 Project 文件夹下。保存后,选择本次实验使用的 STM32F103ZE 系列对应的芯片(图 2-14)。

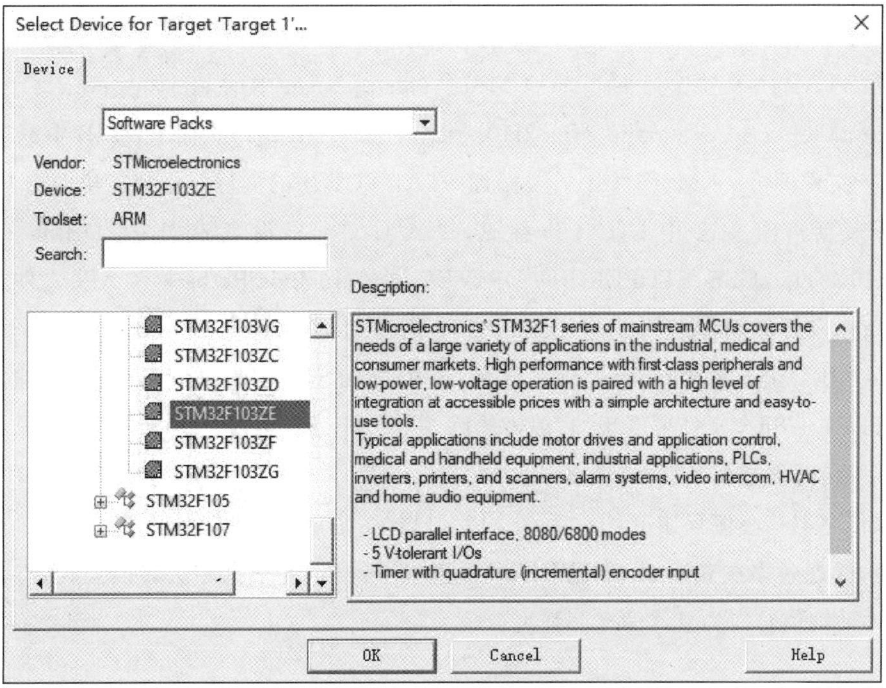

图 2-14　芯片选择界面

完成芯片选择后会弹出一个新的窗口,直接点击 Cancel 退出。然后点击图 2-15 中箭头所指的图标管理项目文件结构。

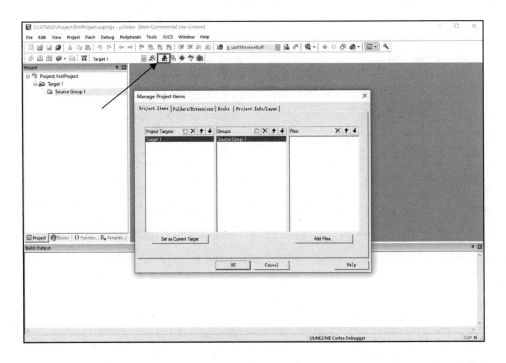

图 2-15 管理项目文件界面

依次添加 CMSIS、USER、FWLIB、STARTUP 文件夹,并添加对应文件夹下的指定文件。

注意:STARTUP 要选择 Project\CMSIS\startup\arm 中的 startup_stm32f10x_hd.s、startup_stm32f10x_ld.s、startup_stm32f10x_md.s 三个(图 2-16),而 FWLIB 中只需要添加 src 中的.c 文件即可。CMSIS 中不需要添加 STARTUP 中的文件。添加完毕点击 OK。

接下来点击图 2-17 中 C/C++标签,进入 C/C++设置界面,在 Define 一栏输入 STM32F10X_HD,USE_STDPERIPH_DRIVER,并在 Include Paths 栏加入头文件路径。再进入 Target 设置界面,修改 ARM Compiler 一栏为 Use default compiler version 5,并选中 Use MicroLIB。最后进入 Output 设置界面,选中 Creat HEX File。至此,工程创建完毕。接下来就可以在 USER 文件夹下添加、编辑代码。

3)获取传感器数据

获取传感器核心流程如下:①初始化相关引脚,初始化 ADC 模块;②获取 ADC 对应通道的采样值;③通过多次获取 ADC 通道的采样值求平均值;④根据相关转换公式,将获取到的 ADC 采样平均值转换为具体的光照强度数值。

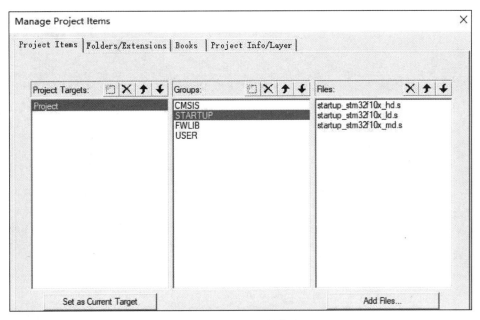

图 2-16　管理项目文件修改界面

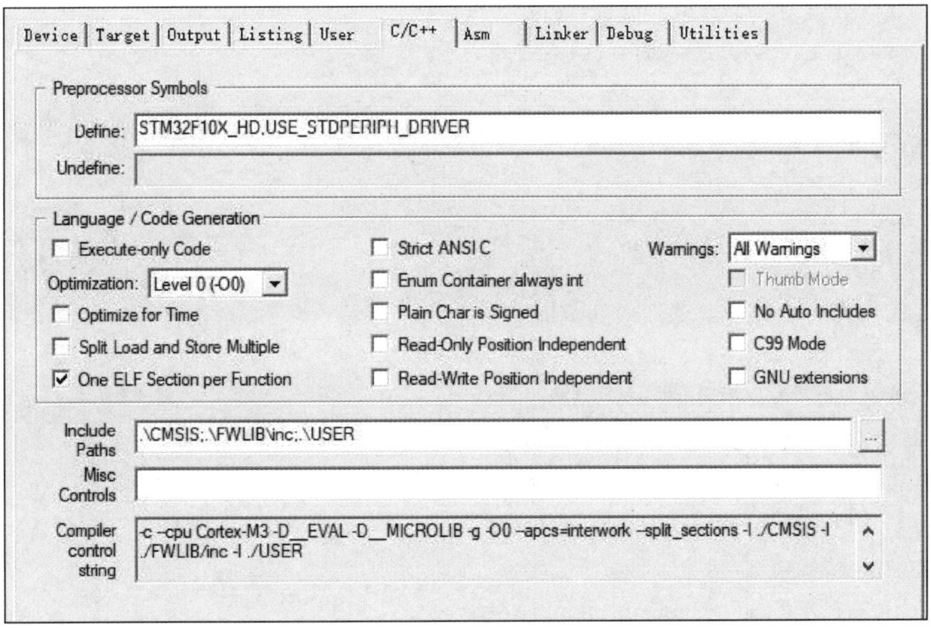

图 2-17　Output 修改界面

ADC 模块获取采样值流程：①开启 PA3 时钟和 ADC3 时钟,并设置 PA3 为模拟输入；②复位 ADC3,同时设置 ADC3 分频因子；③初始化 ADC3 参数,设置 ADC3 的工作模式以及规则序列的相关信息；④使能 ADC 并校准；⑤配置规则通道参数；⑥开启软件转换；⑦等待转换完成,读取 ADC 值。

4）核心代码

核心代码如下：

```c
void Adc_Init(GPIO_TypeDef* GPIO_x, uint16_t  GPIO_Pin_N, ADC_TypeDef* ADC_x)
{
    //定义相关变量
    GPIO_InitTypeDef GPIO_Init;
    ADC_InitTypeDef ADC_Init;

    //初始化 PA3 引脚
    RCC_APB2PeriphClockCmd(RCC_APB2Periph_GPIOA | RCC_APB2Periph_GPIOB | RCC_APB2Periph_GPIOC, ENABLE);
    GPIO_Init.GPIO_Pin = GPIO_Pin_N;
    //设置为模拟输入模式
    GPIO_Init.GPIO_Mode = GPIO_Mode_AIN;
    //设置 GPIO 引脚速度
    GPIO_Init.GPIO_Speed = GPIO_Speed_50MHz;
    //初始化 PA3 引脚
    GPIO_Init(GPIO_x, &GPIO_Init);
    //GPIO_SetBits(GPIOA, GPIO_Pin_3);

    RCC_APB2PeriphClockCmd(RCC_APB2Periph_ADC3 | RCC_APB2Periph_ADC2 | RCC_APB2Periph_ADC1, ENABLE);
    //分频因子
    RCC_ADCCLKConfig(RCC_PCLK2_Div6);
    //复位 ADC
    ADC_DeInit(ADC_x);
    //设置 ADC 为独立模式
    ADC_Init.ADC_Mode = ADC_Mode_Independent;
    //关闭扫描模式
    ADC_Init.ADC_ScanConvMode = DISABLE;
    //设置为单次转换
    ADC_Init.ADC_ContinuousConvMode = DISABLE;
    //硬件触发
    ADC_Init.ADC_ExternalTrigConv = ADC_ExternalTrigConv_None;
    //数据对齐方式,设置为右对齐
    ADC_Init.ADC_DataAlign = ADC_DataAlign_Right;
    //通道数量
```

```c
    ADC_Init.ADC_NbrOfChannel = 1;
    //初始化
    ADC_Init(ADC_x, &ADC_Init);
    ADC_Cmd(ADC_x, ENABLE);
    //开启复位校准
    ADC_ResetCalibration(ADC_x);
    //等待校准完成
    while(ADC_GetResetCalibrationStatus(ADC_x));
    //开启AD校准
    ADC_StartCalibration(ADC_x);
    //等待校准完成
    while(ADC_GetCalibrationStatus(ADC_x));
}

//获取相应ADC通道采样值
uint16_t GetAdcValue(ADC_TypeDef* ADC_x, uint8_t ch)
{
    //配置规则通道
    ADC_RegularChannelConfig(ADC_x, ch, 1, ADC_SampleTime_239Cycles5);
    //开启软件转换
    ADC_SoftwareStartConvCmd(ADC_x, ENABLE);
    //等待转换完成
    while(! ADC_GetFlagStatus(ADC_x, ADC_FLAG_EOC));
    //求平均值时,可以使用一个循环语句调用GetAdcValue函数
    return ADC_GetConversionValue(ADC_x);
}
```

5) 程序烧录

在实验第4步中,已经完成了编写并编译好相应的读取传感器数值的程序工作,在这一步中将编译好的程序烧录到STM32单片机上。本次实验通过串口将编译好的程序烧录到STM32单片机上。首先通过USB数据线将STM32单片机与上位机(电脑)连接,在上位机端需要安装CH340/CH341 USB转串口驱动,CH340驱动下载地址:https://gitee.com/zeng-deze/one-student-one-system/releases/tag/CH340Driver。下载安装成功后可在设备管理器中看到相应的串口设备,如图2-18所示。

上述步骤完成后,需要在上位机(电脑)端下载烧录工具,本次使用的烧录工具为FlyMcu,下载地址:https://gitee.com/zeng-deze/one-student-one-system/releases/tag/FlyMcu。下载完成后将编译好的程序烧录到STM32单片机上,FlyMcu使用设置如图2-19所示。

图 2-18　设备管理器中串口设备

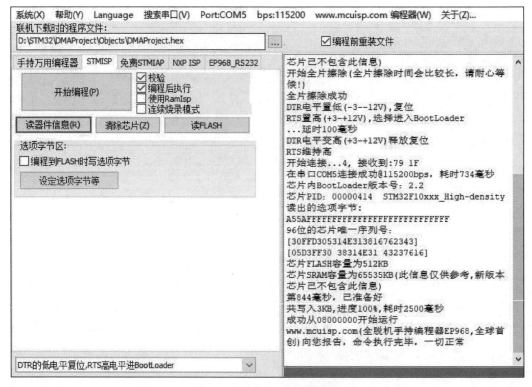

图 2-19　FlyMcu 使用设置图

设置好后,点击开始编程。当右边界面显示写入成功时,便表示程序成功烧入 STM32 单片机。此时传感器的驱动便已开发部署完成,一旦 STM32 单片机供电,程序便自动运行,STM32 单片机就可以读取到传感器的采样值,无需再重新配置传感器,后续开发以及实验均可直接在树莓派上获取传感器数据。

在STM32单片机上配置传感器后，生成的环境数据可以通过两种方法实时展示。第一种方法是在STM32单片机上附加一个显示屏，用于直接展示传感器采集到的数据。第二种方法是将STM32单片机采集到的数据传输到另一台具有显示功能的设备上，并在其上处理和呈现这些数据。选择哪种方法取决于具体应用的要求和实际情况。如果需要在设备本身展示数据或者实时性要求较高，使用第一种方法可能更为合适，而如果需要远程监控、进行更复杂的数据处理或可视化，那么第二种方法可能更合适，因为它允许在另一台功能更强大的设备上进行更复杂的数据处理和展示。由于STM32单片机的存储和计算资源十分有限，因此在本书中，采用第二种方法来处理传感器采集到的数据，以便于后续的实验中对这些数据进行存储和处理。

第 3 章　物联网网络层

物联网网络层在物联网系统中扮演着至关重要的角色,负责处理设备之间的通信与数据传输。它位于物联网系统架构的中间层,用于管理、控制和传输感知层设备生成的数据。

3.1　物联网通信技术

物联网是一个基于互联网的信息载体,让所有能够被独立寻址的物理对象形成互联互通的网络。物联网拥有整体感知、可靠传输和智能处理等基本特征。物联网通信技术则是一组用于将物理世界中的设备、传感器等物体连接到互联网或大型云计算平台,并实现相互之间数据通信的技术[13]。

物联网通信技术包括不同种类的技术以适应不同的应用场景,如蓝牙、LoRa、ZigBee、Wi-Fi 等。这些技术大多拥有低功耗、安全性、可扩展性高的特点,并且不论在短距离还是长距离通信领域,都有合适的技术可供选择。除此之外,MQTT 协议也是物联网通信技术的重要组成部分,是开发诸多应用的基础应用层协议。在如此多种类的通信技术支持下,物联网在 21 世纪迎来了蓬勃的发展,如今已经渗透到社会生活的各个领域,包括但不限于智能家居、智能交通、医疗保健、环境监测、智能农业、工业自动化等[14]。

下面将具体介绍上述提到的几类物联网通信技术。

3.1.1　蓝牙

蓝牙技术开发之初主要是为了在手机、电脑等个人电子设备之间实现更为便捷的数据传输,是一种短距离的无线通信标准。蓝牙的发展历史不长,但发展速度却非常迅猛,现在已成为最流行的无线技术之一,广泛应用于社会生活中的各类智能设备。

1)发展历史

蓝牙技术的概念早在 1994 年由工程师 Jim Kardach 提出,但直到 1998 年才被正式命名为"蓝牙"。1999 年,第一个蓝牙规范——蓝牙 1.0 的发布,迅速引起了广泛的关注。蓝牙 1.0

支持 2.4GHz 的无线通信频段,具有最大约 10m 的传输距离,支持最大 721Kbps 的数据传输速率,为当时所需求的短距离、低功耗通信问题提供了解决方案,并从此建立了蓝牙的技术标准。然而受限于较低的传输速率,蓝牙无法很好地支持大容量数据和音频数据传输,直到 2004 年,蓝牙 2.0 规范发布,引入了增强数据速率(Enhanced Data Rate,EDR),提供最高 3Mbps 的数据传输速率,这使得蓝牙连接的数据传输速度骤升,才解决了这一问题。同时蓝牙 2.0 还支持双工通信,可以让用户进行语音通信的同时,传输图片、文档等数据。

伴随着 21 世纪物联网的逐渐兴起,蓝牙先后发布了 3.0 和 4.0 规范,其中蓝牙 3.0 新增可选技术 HS,允许蓝牙使用 802.11Wi-Fi 标准实现更高传输速率,最高可达 24Mbps。但最有代表性的时间节点还应属于 2010 年蓝牙 4.0 的发布,它是第一个蓝牙综合协议规范,引入了低功耗蓝牙(Bluetooth Low Energy,BLE)技术。物联网应用要求大量的外围传感器设备,这些设备都需要长期运行,对功耗有较高的要求。而 BLE 相比传统蓝牙功耗降低 90%,有效通信距离提高到 100m 以上,BLE 的特点非常好地满足了物联网发展要求。因此,蓝牙 4.0 规范发布后,蓝牙开始广泛适用于智能家居等物联网领域。

目前,蓝牙规范已经演进到 5.0 以后,主要是在蓝牙 4.0 的基础上进一步增强数据传输速度、覆盖范围和传播容量,同时有针对性地引入室内定位和方向指引等功能,这些新特性无疑为蓝牙在未来物联网领域的发展提供了较强的竞争力。据蓝牙技术联盟市场报告,2018 年全球蓝牙设备出货量多达 40 亿台(套),可以预想在物联网蓬勃发展的未来,蓝牙技术的前景不可估量。

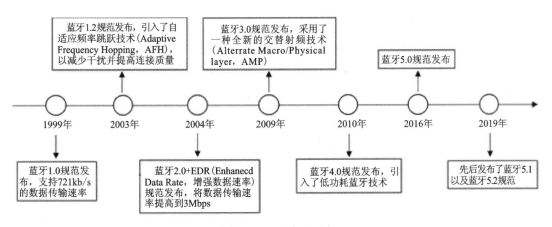

图 3-1 蓝牙演进历史

2)蓝牙技术简介

蓝牙技术基于无线射频通信,就像无线网络一样,设备之间通过无线电波在短距离范围内实现数据传输。其主要在 2.4GHz 频段上工作,采用了频分多址技术,将数据切分为更小的数据包,在不同频率上进行传输,确保数据传输的可靠性和安全性。

蓝牙技术最基本的特点是短距离通信,拥有多种通信拓扑结构(图 3-2),例如点对点通信、广播通信和 Mesh 无线网状结构,一般覆盖范围为 10m 至数十米,这也是它设计之初就用于个人设备互连的原因。除此之外,在不断发展的蓝牙规范中,它又拥有了低功耗、广泛适用性(几乎所有现代移动终端和电子设备都配备蓝牙功能)、自动化连接(在蓝牙通信范围内,配对后可以自动建立连接)、安全性、高度互操作性、多功能性等特点。这些特点让蓝牙技术作为一种灵活便捷的无线通信技术,广泛应用于社会生活。

图 3-2 低功耗蓝牙设备通信拓扑

蓝牙技术所表现出的优秀特点基于一系列协议配合实现。蓝牙协议被划分为两个层次,即蓝牙核心协议和蓝牙应用层协议。蓝牙核心协议是蓝牙技术的基础,其中包含蓝牙物理层、链路层、HCI(Host Controller Interface)协议、SDP(Service Discovery Protocol)协议和L2CAP(Logical Link Control and Adaptation Protocol)协议。下面具体介绍每个协议的职责。

蓝牙物理层指定使用无线频段进行数据传输,负责定义无线通信的物理特性和规格。物理层规定蓝牙工作在 2.4 GHz ISM,在此基础上,传统蓝牙被划分为 79 个 1MHz 的通道,采用 GFSK 调制方式,而 4.0 规范后提出的低功耗蓝牙 BLE 只具有 40 个信道,信道间隔 2MHz,虽然同样使用 GFSK 调制方式,但调制指数更高,拥有更强的抗干扰能力和更长的有效传输距离。

链路层是整个蓝牙协议的最核心部分,主要负责:建立、维护和断开蓝牙设备之间的连接;对数据进行切分、封装操作;管理设备之间的通信链路和流量控制等。链路层的运行过程可以用一个状态机描述,拥有 5 个状态:①就绪态,状态机的中心状态,从它可进入广播态、扫描态和发起态,其他任意状态也可以进入就绪态;②扫描态,可监听哪些设备正在广播,当停止扫描时进入就绪态;③广播态,可发送广播报文和扫描响应,当接受连接请求时进入连接态;④发起态,可对侦听的广播态设备发起连接,连接请求同意后,一同进入连接态;⑤连接态,由进入连接态的身份不同定义了主/从设备两个子状态,广播态作为从设备进入,发起态作为主设备进入,主设备定期发送报文,而从设备只能在回复中发送自己的报文。状态之间的转换如图 3-3 所示。

此外,蓝牙链路层还包含一系列协议。HCI 协议负责连接主机和蓝牙设备,通过定义一组命令,让主机控制蓝牙设备的操作,这样可以屏蔽不同蓝牙产品的差异性。L2CAP 协议则主要负责数据的分段和重组,完成通信过程中的数据链路建立与数据传输,为上层提供面向

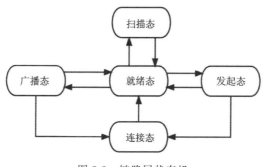

图 3-3 链路层状态机

连接和面向无连接两种服务。SDP 协议是蓝牙的服务发现协议，主要负责在设备间查询服务。

不同于蓝牙核心协议，蓝牙应用层协议是蓝牙协议的最高层，负责定义蓝牙设备之间的特定应用和服务。这些协议和服务使用蓝牙核心协议提供的功能，使不同类型的蓝牙设备能够互相通信交流。典型的有文件传输协议（File Transfer Prtocol，FTP），允许在蓝牙设备之间进行文件传输；通用访问配置协议（Generic Access Profile，GAP），定义了设备的基本连接和发现行为；传输控制协议（Serial Port Profile，SPP），允许在蓝牙设备之间建立虚拟串口连接，用于串行数据传输，如无线串口通信等。

3）蓝牙技术应用

随着蓝牙技术的飞速发展，蓝牙的应用范围也越来越广泛，大体可归结为以下几类：①音频流媒体传输，蓝牙音箱、耳机等都是日常生活中常见的设备，用户可以使用这类应用无线传输音频信息，享受便利；②远程控制，如鼠标、键盘等远程控制方式；③智能家居应用，蓝牙技术是智能家居系统中不可缺少的一环，为用户提供更加便捷、舒适的生活；④汽车技术，手机可以通过蓝牙直连汽车系统，帮助驾驶员导航和播放音乐；⑤工业自动化，蓝牙被用于连接工业传感器和设备，帮助工人更便捷地监测设备状态、收集数据以进行操作。当然，实际上蓝牙的应用场景远远不止这些，任何有无线短距离传输、低功耗、安全性要求的领域都是蓝牙技术的适用场景。

3.1.2 LoRa

相比于蓝牙技术，LoRa 在发展之初的目标就是提供长距离、低功耗的无线通信技术，以满足物联网应用的需求。LoRa 技术主要应用于物联网和远程传感器，将数字信号处理、数字扩频以及前向纠错编码技术结合，极大地提高了传输效率，彻底改变了物联网通信领域的局面。

1)发展历史

LoRa 最早是一家法国公司 Cycleo 推出的一种扩频调制技术,直到 2012 年,Semtech 公司收购 Cycleo,才正式开发出了一整套 LoRa 通信芯片解决方案。2013 年,Semtech 公司发布了首个 LoRa 芯片(基于 1GHz 以下的超长距离、低功耗数据传输技术的芯片),凭借其长距离、低功耗的特点得到了业界的关注(图 3-4)。考虑到 LoRa 技术在覆盖范围和部署成本上的优势,以及其在物联网应用领域所表现出的巨大潜力,2015 年由 Semtech 牵头,与众多公司一起组成 LoRa 联盟,这是一个为推广 LoRa 技术的标准化和应用的组织。

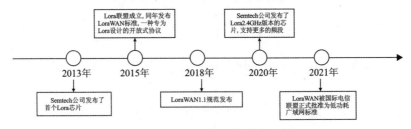

图 3-4　LoRa 无线通信演进历史

LoRa 联盟在推动 LoRa 技术上,最重要的贡献是设计了一套基于 LoRa 技术特点的通信协议 LoRaWAN。LoRaWAN 规范 1.0 在 2015 年 6 月发布,明确了 LoRa 网络的星型拓扑结构,规定了网络中各节点的连接规范,成为当时支持低功耗、长距离通信的物联网设备的主流协议之一。随后 LoRaWAN 协议经过多次迭代,又增加了许多新的特性。截至 2021 年 12 月,LoRaWAN 已被国际电信联盟(International Telecommunication Union,ITU)正式批准为低功耗广域网(Low-Power Wide-Area Network,LPWAN)标准。不难看出,LoRa 技术非常适合现在流行的物联网领域应用,随着技术的不断发展、成熟,预计未来其在物联网领域的重要性将继续增加。

2)LoRa 技术简介

LoRa 是一种用于无线通信的低功耗、长距离传输技术。LoRa 无线通信技术的核心原理是将要发送的数据进行扩频调制[16]。在扩频调制中,数据信号被分成多个窄带信号,每个信号占用一个较宽的频带。这些窄带信号以不同的方式调制,以创建一个复杂的调制信号。这种方式可以提高信号的健壮性,使其即使在干扰环境中也能够更好地传输。同时,扩频调制将数据以低速率调制,使其能够在低功率下拥有更大的数据传输范围,以满足长距离通信需求。

LoRa 通常与 LoRaWAN 一起使用,LoRa 是一种物理层调制技术,而 LoRaWAN 是建立在 LoRa 技术之上的通信协议,用于设备与网络之间的交互。LoRaWAN 构建了一个标准化的基础设施,允许不同厂商的设备与相同的 LoRaWAN 网络进行通信,从而促进了物联网设备的互操作性[17]。

如图 3-5 所示,LoRaWAN 网络通常采用分层架构,分为 4 个主要组件:终端设备、物联网网关、网络服务器和应用服务器。这些组件协同工作以实现终端设备与云服务器或应用服务器之间的通信。

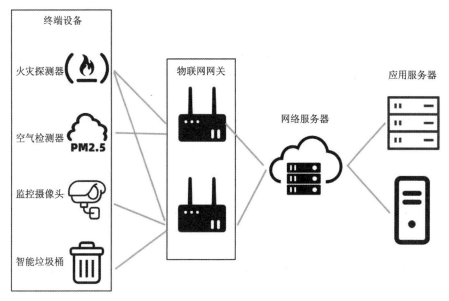

图 3-5　LoRaWAN 网络框架

(1)终端节点:指传感器、监测器等物联网设备,通常具有低功耗和长续航的特点。LoRaWAN 网络中又将终端节点分为 A、B、C 三类设备。A 类设备最为节能,一般处在低功耗模式,只有在发送数据后的一个固定时间才会接收数据。B 类设备在 A 类设备的基础上还会指定一个时间,在该指定时间内可以接收与发送数据。这个时间需要与网络服务器实现同步,同时功耗也比 A 类设备更高。因而 B 类设备适用于需要更严格的通信时机控制或时间同步的应用。C 类设备是最高功耗设备,基本上一直打开接收数据窗口,及时获取数据,但同时耗能也远高于A 类和 B 类设备。适用于需要实时或连续通信的应用,即时响应要求较高的场景。

(2)物联网网关:充当网络和终端之间的接收站,接收来自终端节点的数据,并将其传输到网络服务器[18]。LoRaWAN 网络通常采用星型拓扑结构,其中设置一个或多个网关来将 LoRa 设备的数据传输给网络服务器。

(3)网络服务器:负责管理和协调终端节点的通信。它处理终端节点的加入、认证、数据传输和设备管理。此外,网络服务器还可将数据转发给云服务器或应用服务器以供进一步处理。

(4)应用服务器:应用服务器在大规模部署中一般设置为云系统,通常对最终数据进行解密和处理,执行特定的业务逻辑,并且可以与外部系统集成,提供 API,便于与用户或第三方程序之间进行数据交换。

LoRa 技术的特点都是基于它的原理和协议架构所衍生的。因此,它具有如下特点:①长距离通信能力,覆盖范围由数千米到数十千米,使用于大范围配置的物联网设备,这是 LoRa 技术与其他无线通信技术相比的核心竞争力;②低功耗,设备在非活动状态下可置为休眠态,只在需要发送或接收数据时被唤醒,让 LoRa 设备拥有更长的使用时间,电池寿命可达 20 年;

③抗干扰能力，LoRa使用的扩频调制技术让其在无线通信中抗干扰能力强，有助于保持通信的可靠性；④适应性，因为LoRaWAN协议支持的自适应数据速率（Adaptive Data Rate，ADR）功能，可在不同频段上运行，这让LoRa通信拥有更好的灵活性，在各类应用场景中都表现良好；⑤安全性，LoRaWAN协议提供了数据加密和身份验证机制。总的来说，基于这些特点，LoRa技术广泛适用于各种不同的物联网应用领域。

3）技术应用

LoRa技术主要应用于各种物联网领域，尤其是要求具有低功耗、长距离传输、容量大且可定位跟踪等特点的领域。

智慧城市建设：①智能路灯控制，监控和控制远程路灯，实现远程调光、故障检测和实时监控，从而提高能源效率，便于节能。②垃圾桶监测，智能垃圾桶配备LoRa设备，可以实时监测垃圾桶的填充状态。这有助于优化垃圾收集路线，提高垃圾收集效率，同时减少运输成本。③停车管理，LoRa可用于实现智能停车系统。传感器安装在停车场或街道上，通过LoRa网络传输信息，帮助驾驶员找到可用的停车位，减少交通拥堵和寻找停车位的时间。④环境监测，LoRa设备可以用于监测城市的环境参数，包括空气质量、噪声水平、温度等。这些数据有助于城市管理者更好地了解环境状况，采取相应的改善措施。⑤智能交通管理，LoRa技术可用于智能交通信号灯的控制，实现实时调整信号灯的时序，以适应交通流量的变化。此外，LoRa还可以用于交通监测和远程控制。⑥城市安全，LoRa网络可用于城市安全系统，包括监控摄像头、火灾报警系统、紧急呼叫设备等的连接和集中管理。

智能农业：①土壤监测，LoRa传感器可以被埋入土壤中，用于监测土壤的湿度、温度、pH值等参数。这有助于精确浇水，提高土壤质量，减少用水量。②畜牧业监测，LoRa可用于监测牲畜的健康状况。智能传感器可以植入或佩戴在动物身上，通过LoRa传输生理数据，帮助农民及早发现患病或异常情况。③智能灌溉系统，基于LoRa的智能灌溉系统可以根据土壤湿度和气象条件自动调整灌溉水量，提高水资源利用效率。

工业应用：①库存管理，实时监测仓库中的库存量，来优化供应链管理。②供应链追溯，基于LoRa的传感器可以记录产品在整个供应链中的移动轨迹和条件，从而实现产品的追溯和质量控制。③生产流程优化，LoRa可用于监测生产流程中的各个环节。通过连接传感器，可以实时收集生产数据，帮助进行流程分析和优化，提高生产效率。④远程控制，LoRa支持工业设备的远程控制。这对于偏远或难以访问地区的设备管理和控制非常有帮助。

以上是LoRa技术广泛适用性的一些示例，实际生活中远不止这些应用，但归根结底，它们都是通过LoRa终端设备收集周围的数据，通过端对端通信后，传给应用中心，并据此制订更加智能的解决方案。

3.1.3 ZigBee

LoRa的设计目标是提供广域覆盖，能够连接大范围内的设备，例如城市范围内的物联网应用。LoRa 网络通常由少量的基站提供覆盖,并连接到云服务器,从而实现与物联网设备的双向通信。相比之下,ZigBee 是一种短距离无线通信技术,主要用于建立局域网(Local Area Network,LAN)[19]。它采用了低速率、短距离传输的方式,在专用频段上进行通信。ZigBee 技术是一种以 IEEE802.15.4 协议为基础的短程无线通信技术,它具有低速率、低功耗、低成本等特点,经常被用于自动控制等领域,被业界公认为最有可能用于工控领域的无线技术[20]。其得名源自蜜蜂的"ZigBee"舞蹈,蜜蜂通过这种方式来交流和指示食物方向。因此 ZigBee 的发明者利用蜜蜂的这种行为来形象地描述这种无线信息传输技术。

1)ZigBee 发展历史

为满足低功率、低价格无线网络的需要,电气与电子工程师协会(Institute of Electrical and Electronics Engineers,IEEE)新的标准委员会在 2000 年开始制定低速率无线个人局域网(LR-WPAN)标准,称为 802.15.4。2001 年 8 月,ZigBee 联盟成立。2002 年下半年,为研发适应 ZigBee 技术的下一代无线通信标准,802 15.4 无线发射接收机及网络被 ZigBee 联盟所使用,在此基础上提出了无线短距离网络标准 ZigBee。

ZigBee 不仅仅只包含 802.15.4,ZigBee 联盟对其网络层协议和 API 进行了标准化,还开发了安全层,以保证这种便携设备不会意外泄漏其标识。经过 ZigBee 联盟对 IEEE802.15.4 的改进,这才真正形成了 ZigBee 协议栈。

2004 年 12 月,联盟发布 ZigBee 1.0 标准(又称为 ZigBee2004),之后于 2005 年 9 月公布并提供下载。2006 年 12 月,联盟对标准进行修订,推出 ZigBee 1.1 版(又称为 ZigBee2006)。ZigBee 1.1 较原有 ZigBee 1.0 做了若干修改,依然无法实现最初的理想,此标准又于 2007 年 10 月完成再次修订,推出 ZigBee Pro Feature Set(ZigBee Pro)的新标准,至此 ZigBee 标准逐渐趋于完善。2009 年开始,推出 ZigBee RF4CE(Radio Frequency for Consumer Electronics),它具备更强的灵活性和远程控制能力(图 3-6)。目前许多企业开始涉足 ZigBee 技术的开发,ZigBee 技术目前已经展示出了非凡的应用价值,随着相关技术的发展和推进,未来会有更大的应用。可以肯定的是,在未来一段时间,智能家居等领域的家用 ZigBee 应用市场,将成为 ZigBee 技术支撑的主力军。ZigBee 技术也将在个人家居网络类似的领域,取得革命性的进步。

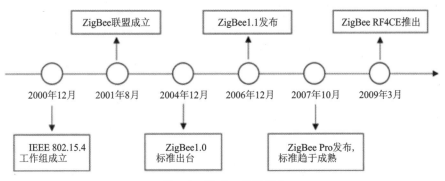

图 3-6 ZigBee 发展历史

2)ZigBee 结构与原理

ZigBee 的基本结构包括设备类型和网络拓扑。其中,设备类型包括协调器(Coordinator)、路由器(Router)以及终端设备(End Device);网络拓扑有星型拓扑(Star Topology)和网状拓扑(Mesh Topology)两种。ZigBee 的基本结构如图 3-7 所示。以下是设备类型的详细功能说明。

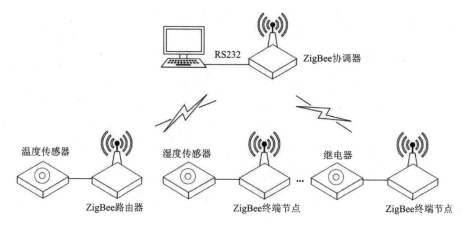

图 3-7　ZigBee 基本结构图

协调器:ZigBee 网络的根节点,负责创建和管理网络,通常是网络中唯一的协调器。

路由器:用于扩展网络范围和增强网络的鲁棒性,可以传输数据并转发其他设备的数据。

终端设备:最简单的设备类型,通常是传感器或执行器,只能与协调器或其他路由器通信,无法转发数据。

协调器创建网络后,路由器和终端设备各自接入网络,终端设备采集数据后通过路由设备进行转发,最终将数据发送至服务器进行存储和处理。在通信过程中,ZigBee 使用了 ISM 频段(2.4GHz、915MHz 等)来支持低速率的数据传输。如图 3-8 所示,ZigBee 协议栈分为物理层、介质访问控制层、网络层和应用层。在 ZigBee 技术中,物理层和介质访问控制层使用 IEEE 802.15.4 协议标准。在这个标准中,通过物理层管理实体接口,物理层提供了两类服务:①对物理层数据的管理服务;②对物理层管理的服务。介质访问控制层也提供了两种类型的服务:①数据服务;②管理服务。网络层主要实现组网连接、数据传输管理以及网络安全保障等功能。应用层为 ZigBee 技术的实际应用提供框架模型,方便用户针对不同应用需求开发 ZigBee 系统。

ZigBee 的通信过程主要分为 4 部分。

设备加入:新设备加入网络时,它需要与协调器进行配对,获取网络地址和安全密钥。

网络发现:设备可以通过网络发现过程找到附近的其他设备,并建立通信链接。

数据传输:设备之间可以通过直接通信或多跳路径进行数据传输,路由器可以转发其他设备的数据。

网络管理:协调器负责管理网络拓扑结构、设备加入和离开等网络管理功能。

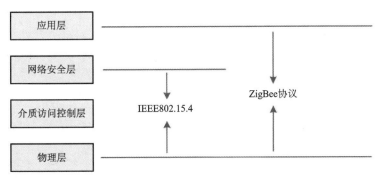

图 3-8 ZigBee 协议栈

3)ZigBee 技术应用

ZigBee 技术广泛应用于家庭自动化、工业自动化、医疗保健、智能建筑等领域。在智能家居领域,ZigBee 被用于构建智能家居网络,实现各种设备之间的互联互通,如灯光控制、温度调节、门窗监测等。通过 ZigBee,用户可以通过智能手机或其他控制设备远程控制家庭中的各种设备,提供了更加便捷和智能化的生活体验。在工业自动化领域,ZigBee 可被用于传感器网络以监测和控制各种工业设备,实现远程监控和管理。ZigBee 的低功耗特性使得设备可以长时间运行,减少维护和更换电池的频率。在物联网领域,ZigBee 被用于建立大规模的物联网网络,连接各种设备和传感器。通过 ZigBee 网络,设备可以实现数据交换和共享,从而实现更高级的功能和服务,如智能城市、智能交通系统等。

3.1.4 Wi-Fi

前文已经介绍了 ZigBee 和 LoRa 这两种面向无线传感网的低功耗无线技术。如果需要更高的数据传输率进行互联网接入(如视频流传输等),就需要使用另一种高速率的无线技术——Wi-Fi。Wi-Fi 技术基于 802.11 标准,通过 2.4GHz 或 5GHz 的频段,可以提供数 Mbps 级至 Gbps 级不等的无线网络接入速率[21]。相比 ZigBee,Wi-Fi 具有更高的复杂度,也消耗更多功率,但可以传输具有更大带宽需求的数据,使得 Wi-Fi 非常适合应用于需要高速率互联网接入的场景。

与 ZigBee 形成互补的是,ZigBee 可以作为采集低带宽需求的传感数据的无线前端,而 Wi-Fi 则可用来回传这些数据到 Internet,两者可实现不同范围、不同速率层次的无线连接。ZigBee 专注在低功耗、低复杂度上,Wi-Fi 则提供了高速率的网络接入能力。两者相辅相成,共同推动了无线通信技术的进步。下面我们进一步介绍 Wi-Fi 技术的相关内容。

1)Wi-Fi 发展历史

Wi-Fi 是一种 WLAN(Wireless LAN)协议,即无线局域网协议(图 3-9)。其历史或者说网络协议中的多址接入协议的历史都可以追述到 1971 年的 ALOHANet。

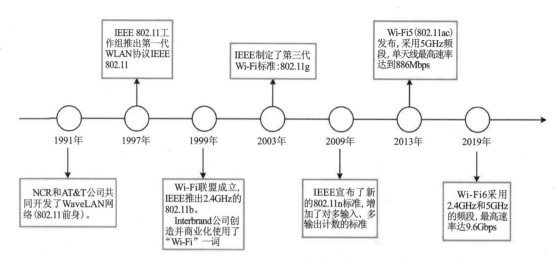

图 3-9　Wi-Fi 发展历史

1989 年，NCR 公司（这家公司在机械式和电动收款机领域具有开创性的地位）在 IEEE 802 标准组织中牵头，计划开发一个用于无线局域网的专有通信协议。随后在 1990 年，IEEE 802.11 工作组正式成立，以推动无线局域网技术的发展。维克·海耶斯（Vic Hayes）作为 WaveLAN 技术的设计者和 802.11 协议发展的关键人物，被人们称为"Wi-Fi 之父"。在同一年，NCR 公司也发布了其首款 WaveLAN 的产品，如图 3-10 所示，这是一款为台式电脑设计的无线网卡，它在 915MHz 的频段上运行，并能够提供 2Mbps 的数据传输速率。

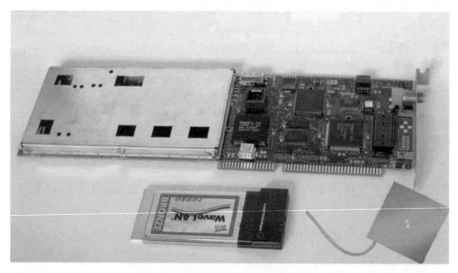

图 3-10　提供 WaveLAN 功能的网卡

为了解决真正在无线网络环境下做到高保真、有效地传输数据等问题，IEEE 802.11 协议的第一版在 1997 年 9 月被正式通过。

由于 IEEE 802.11 协议的正式颁布以及前期无线网络技术的逐渐成形，Wi-Fi 技术的研究与发展开始进入快速成长期。1999 年，Wi-Fi 联盟（Wi-Fi Alliance）正式成立，同年，IEEE

为了提高无线传输的速率,推出频率更高的 2.4GHz 的 802.11b,最高传输速率达到 11Mbps。2003 年 7 月,IEEE 制定了第三代 Wi-Fi 标准:802.11g。802.11g 继承了 802.11b 的 2.4GHz 频段和 802.11a 的最高 54Mbps 传输速率。同时,它还使用了 CCK 技术后向兼容 802.11b 产品。2013 年,采用 5GHz 的 802.11ac 被发布,单无线最高传输速率提高到了 886Mbps,随后在 2019 年 Wi-Fi6 推出,实现了 2.4GHz 与 5GHz 的双频通信,最高速率达到 9.6Gbps。

目前,Wi-Fi 已经发展成为一个新型的无线生态圈,其功能已经不仅仅局限于标准互联网数据的传输。根据不同的工作场景和不同的需要,Wi-Fi 存在不同的协议版本。Wi-Fi 作为一个经过了 40 多年发展的成熟技术,还在不停的发展中,Wi-Fi 协议的将来,仍然具有很大的发展潜力。

2) Wi-Fi 的原理、架构以及特点

与传统的晶体管收音机类似,Wi-Fi 网络使用无线电在空中传输信息。无线电波属于电磁辐射的一种,其波长在电磁波谱中长于红外光。无线电波也具有一定频率,Wi-Fi 通信所采用的是 2.4GHz、5.2GHz 和 5.8GHz 3 个频段。为提高频谱利用效率,Wi-Fi 采用 OFDM 正交频分复用技术,能够将高速数据调制并映射到多个低速子载波上。常用的调制方式还包括 BPSK、QPSK 和 16-QAM。另外,Wi-Fi 使用 DSSS 直接序列扩频技术,发送端用高码率扩频码序列直接展宽信号频谱,接收端则通过同样序列还原信号。Wi-Fi 的多路访问协议是 CSMA/CA 载波监听,避免信道冲突。

IEEE 802.11 系列标准定义了 WLAN 无线网络数据帧的帧结构和基本的物理层、MAC 层通信标准。与 802.3 定义的以太网数据帧格式及通信方式不同,802.11 定义的 WLAN 无线局域网由于通信介质和通信质量的问题,不能直接采用 802.3 的通信方式。在 WLAN 中,数据链路层面上的通信模式比 802.3 以太网中的通信要复杂得多,因此 802.11 的帧格式也要相对复杂。802.11 无线帧最大长度为 2346 个字节,基本结构如图 3-11 所示。

Frame Control	Duration ID	Address1 receiver	Address2 sender	Address3 filtering	Seq-ctl	Address4 Optional	Frame Body	FCS
2Byte	2Byte	6Byte	6Byte	6Byte	2Byte	6Byte	0-2312Byte	4Byte

图 3-11 802.11 无线帧结构

802.11 无线帧中各个字段含义如下。

Frame Control:帧控制字段,含有许多标识位,表示本帧的类型等信息。

Duration ID:本字段一共有 16bit,根据第 14bit 和 15bit 的取值,本字段有以下 3 种类型的含义。

(1) 当第 15bit 被设置为 0 时,该字段表示该数据帧所传输要使用的时间,单位为微秒,表明该帧和它的确认帧将会占用信道多长时间,Duration 值用于网络分配向量(Network Allocation Vector,NAV)计算。

(2)当第15bit被设置为1,第14bit设置为0时,该字段用于让没有收到Beacon信标帧(管理帧的一种)的工作站公告免竞争时间,从而更新NAV避免干扰。

(3)当第15bit被设置为1,第14bit设置为1时,该字段主要用于工作站告知AP关闭天线,将要处于休眠状态,并委托AP暂时存储发往该工作站的数据帧。此时该字段为一种标识符,以便在工作站接触休眠后从AP中获得为其暂存的帧。

Address:802.11与802.3以太网传输机制不同,802.11无线局域网数据帧一共可以有4个MAC地址。这些地址根据帧的不同而有不同的含义,但是基本上第一个地址表示接收端MAC地址,第二个地址表示发送端MAC地址,第三个地址表示过滤,第四个地址为可选(optional)地址,一般不使用。

Seq-ctl:顺序控制位,该字段用于数据帧分片时重组数据帧片段以及丢弃重复帧。

Frame Body:帧所包含的数据包。

FCS帧校验:主要用于检查帧的完整性。

在前文中,我们已经介绍了Wi-Fi帧的组成,包括MAC地址、帧体、帧控制等字段。这构成了Wi-Fi在物理层上传输的基本数据单元。在此基础上,Wi-Fi还需要较复杂的系统架构来实现无线网络的建立与通信。Wi-Fi系统架构主要包括端设备、接入点(Access Point,AP)和分布系统,如图3-12所示。

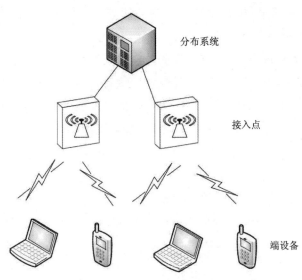

图3-12 Wi-Fi系统架构

端设备通过Wi-Fi模块与接入点进行无线通信。接入点可以连接分布系统,实现与有线网络的桥接。端设备之间的通信一般需要通过接入点中转。从硬件上看,Wi-Fi模块包含了RF前端、基带处理器、主机接口等部件。RF前端完成信号的收发与频率转换,基带处理器实现物理层和MAC层的协议,主机接口则连接至设备的主机处理器。软件上需要在主机上运行Wi-Fi网络协议栈,以实现TCP/IP协议和更高层的网络功能。总体来说,Wi-Fi的系统架构提供了完整的无线局域网解决方案,以太网和Wi-Fi帧的转换是其重要环节。

根据 IEEE 802.11 标准的定义，Wi-Fi 网络架构可分为独立型基本服务集（Independent Basic Service Set）、基础结构型服务集（Infrastructure Basic Service Set）、网状基本服务集（Mesh Basic Service Set）以及扩展服务集（Extended Service Set）。具体内容如表 3-1 所示。

表 3-1 Wi-Fi 网络架构类型

网络架构	网络特点
独立型基本服务集	终端设备无需通过无线接入点即可与通信范围内的其他设备形成通信链路，而当设备间的距离超出通信范围后，终端设备在链路层无法直接传输数据
基础结构型服务集	无线接入点是该网络模式的创建者和管理者，所有设备均与无线接入点建立通信链路，无线接入点可通过记录终端设备的运作状态控制无线收发器的开闭，降低终端设备电力消耗
网状基本服务集	与独立性基本服务集模式相似，网状基本服务集可与通信范围内的其他设备形成通信链路，而当设备间的距离超出通信范围后，设备仍可通过其他信号转发模式实现通信
扩展服务集	使用相同身份识别码的多个访问点以及一个无线设备群组组成一个扩展服务组

得益于 Wi-Fi 优秀的系统架构和协议设计，其以下几个优点被广泛使用。

(1) 高速数据传输：Wi-Fi 提供高速的无线数据传输，可达到几百 Mbps 甚至更高的数据传输速率。这使得 Wi-Fi 适用于需要大带宽的应用，如高清视频流、在线游戏和大文件传输等。

(2) 宽带覆盖范围：Wi-Fi 网络可以覆盖较大的区域，提供无线互联网接入。它可以在家庭、办公室、公共场所以及市区范围内提供无线网络覆盖，使用户能够在范围内自由移动时保持网络连接。

(3) 灵活性和可扩展性：Wi-Fi 网络可以根据需求进行灵活部署和扩展。它可以通过添加多个接入点来扩大覆盖范围，以满足不同区域的网络需求。同时，Wi-Fi 支持同时连接多个设备，可以满足多个用户同时访问网络的需求。

(4) 兼容性：Wi-Fi 是一种通用的无线网络技术，广泛兼容各种智能设备和终端。无论是智能手机、平板电脑、电脑，还是智能家居设备，几乎所有现代设备都支持 Wi-Fi 连接，使得用户能够方便地接入网络。

(5) 安全性：Wi-Fi 提供多种安全协议和加密方法，如 WPA2、WPA3 等，以保护无线信号和数据的安全性。这些安全机制可以防止未经授权的访问和数据泄露，确保用户的隐私和网络安全。

3) 技术应用

Wi-Fi 技术广泛应用于家庭、企业、公共场所等多个领域。主要有以下几个方面。

(1) 高速互联网接入：Wi-Fi 的高速数据传输特点使其成为提供快速互联网接入的理想选择。无论是家庭、办公室还是公共场所，Wi-Fi 网络可以提供高速的无线上网，使用户能够享受流畅的网页浏览、快速的文件下载和高清视频流媒体等。

(2) 移动设备连接：Wi-Fi 的宽带覆盖范围和灵活性使其成为移动设备连接的首选。智能手机、平板电脑等移动设备可以通过连接 Wi-Fi 网络获取互联网接入，实现即时通信、社交媒体、电子邮件和在线娱乐等功能。无论是在家庭、办公室还是公共场所，用户可以自由地在 Wi-Fi 覆盖范围内移动，保持网络连接。

(3) 无线传输和共享：Wi-Fi 的灵活性和可扩展性使其成为无线传输与共享数据的理想选择。用户可以通过 Wi-Fi 网络在设备之间传输文件、共享打印机、播放网络流媒体等。这种无线传输和共享的方式更加便捷，消除了传统有线连接所带来的限制。

(4) 物联网连接：Wi-Fi 的兼容性使其成为物联网设备连接的重要技术。物联网设备，如智能家居设备、智能穿戴设备等，可以通过 Wi-Fi 网络连接到互联网，实现远程控制、数据收集和互联互通。Wi-Fi 的兼容性保证了不同厂商的物联网设备可以通过统一的 Wi-Fi 标准进行连接和通信。

(5) 安全性保障：Wi-Fi 的安全性特点使其能够提供可靠的网络安全保障。通过采用安全协议和加密方法，如 WPA2、WPA3 等，Wi-Fi 网络可以防止未经授权的访问和数据泄露，保护用户的隐私和网络安全。这对于个人用户和企业用户来说都是至关重要的。

3.1.5 LoRa 通信实验

本节将首先进行 LoRa 通信实验，通过 LoRa 模块实现两个物联网节点之间的长距离通信。实验将使用 SX1262 915M LoRa HAT 模块与树莓派连接，如图 3-13 所示。

图 3-13 LoRa 模块实物图

首先需要将 LoRa 模块安装到树莓派上。LoRa 模块直接接入树莓派的 40pin 口,跳帽置于 B,M0 和 M1 由树莓派的 IO 控制,不再使用跳帽。而后我们需要在 Python 环境中安装相关函数库:

```
sudo apt-get install python-pip
sudo pip install RPi.GPIO
sudo apt-get install python-smbus
sudo apt= get install python-serial
```

随后打开树莓派的 serial 串口使得树莓派可与 LoRa 模块通信:

```
sudo raspi-config
依次选择
Intent interface options
Serial
NO
YES
```

重启树莓派,完成后即可在 Python 中开发 LoRa 通信功能。其核心代码如下:

```python
def_init_(self,numOfSerial,freq,address,power,rssi,air_speed= 2400,\
            net_id= 0,buffer_size = 240,crypt= 0,\
            relay= False,lbt= False,wor= False):
    self.rssi = rssi
    self.address = address
    self.freq = freq
    self.serial_n = numOfSerial
    self.power = power
    # 初始化引脚
    GPIO.Mode_set(GPIO.BCM)
    GPIO.Warnings_set(False)
    GPIO.setup(self.M0,GPIO.OUT)
    GPIO.setup(self.M1,GPIO.OUT)
    GPIO.output(self.M0,GPIO.LOW)
    GPIO.output(self.M1,GPIO.HIGH)


    # 设置串口波特率
    self.ser = serial.Serial(numOfSerial,9600)
    self.ser.flushInput()



    self.Config_set (freq,address,power,rssi,air_speed,net_id,buffer_size,
crypt,relay,lbt,wor)
```

```python
# 通过串口发送应用数据到 LoRa 模组，再通过 LoRa 无线发送至其他 LoRa 节点
def send_message(self,data):
    GPIO.output(self.M1,GPIO.LOW)
    GPIO.output(self.M0,GPIO.LOW)
    time.sleep(0.1)

    self.ser.write(data)
    time.sleep(0.1)
# 接收端接收到数据后从串口输出至树莓派
def receive_message(self):
    if self.ser.inWaiting() > 0:
        time.sleep(1)
        r_buff = self.ser.read(self.ser.inWaiting())

        print("receive message from node address with frequence\033[1;32m %d,% d.125MHz\033[0m"% ((r_buff[0]< < 8)+ r_buff[1],r_buff[2]+ self.start_freq),end= '\r\n',flush= True)
        print("the message is "+ str(r_buff[3:- 1]),end= '\r\n')
        if self.rssi:
            print("the packege rssi value is: - {0}dBm".format(256- r_buff[- 1:][0]))
            self.get_channel_rssi()
        else:
            pass
```

此时，我们便可通过 LoRa 实现传感器之间的数据传输。

3.1.6 局域网组网

在本小节中，我们已经详细介绍了蓝牙、LoRa、ZigBee 和 Wi-Fi 等无线通信技术。接下来，我们将从 Wi-Fi 技术入手实践，重点探讨 Wi-Fi 技术在局域网组网中的应用，网络层路由的工作原理与开发方法。

Wi-Fi 作为一种常见且广泛应用于家庭和办公环境的无线局域网技术，具备高速、稳定的无线网络连接能力。它被广泛应用于连接各种设备，包括智能手机、电脑、智能家居设备、打印机等，以实现数据传输、资源共享和互联网访问等功能。使用 Wi-Fi 进行局域网组网具有多个优势。首先，Wi-Fi 技术提供了较高的数据传输速率，使得用户可以快速传输大量数据，例如高清视频、大型文件等。其次，Wi-Fi 具备传播范围广、覆盖面积大的特点，可以覆盖整个家庭或办公场所，使得各个设备可以无缝地连接到同一个网络中。此外，Wi-Fi 还支持多设备同时连接，可以满足多用户同时上网的需求。

1)实验目标

本次实验的目标是使用两个树莓派节点作为路由器搭建一个传统的局域网络。网络拓扑图如图3-14所示。

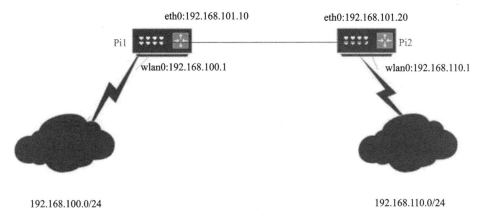

图 3-14　网络拓扑图

搭建好网络后,因为还没有部署相应的路由协议,因此将手动指定路由器中的默认网关,使得处于192.168.100.0/24网段中的设备可以和处于192.168.200.0/24网段中的设备相互通信。

注意:这个实验完成后,树莓派将暂时无法联网,但是后续的实验需要联网安装一些工具包,因此建议在安装完后续实验所用到的工具包之后再开始进行本实验。所需安装工具包在后续实验中有提到,可以在后面的实验中查看需要安装哪些工具包。

2)实验步骤

在本次实验中,需要使用两个路由器节点,如果手中没有专用的路由器来进行本次实验的话,可以修改树莓派上的无线网卡配置来将树莓派改造成一个具有路由器功能的节点。无线网卡有4种工作模式。

(1)Managed:用于无线客户端直接与无线接入点(Access Point,AP)进行接入连接,是树莓派无线网卡的默认工作模式。

(2)Master:允许无线网卡使用特制的驱动程序和软件工作,作为其他设备的无线AP。它主要使用无线接入点AP提供的无线接入服务以及路由器功能。此模式为本实验使用的工作模式。

(3)Ad Hoc:各设备之间采用对等网络的方式进行连接,无线通信双方共同承担无线AP的职责。

(4)Monitor:主要用于监控无线网络内部的流量,用于检查网络和排错。

树莓派上有以太网接口和无线网卡,将树莓派上的无线网卡设置为Master(AP)模式,使得其他联网设备可以通过Wi-Fi连接到该树莓派,树莓派就具有路由器的基本功能了。

配置好无线网卡后,再使用一根网线将两个树莓派通过以太网接口连接。为方便管理,将网络接口的 IP 地址都设置为静态 IP。具体的 IP 地址已经在网络拓扑图中展示。

先将树莓派无线网卡配置为 AP 模式。一个 Wi-Fi 热点正常工作要实现两部分功能：接入管理和动态主机配置协议(Dynamic Host Configuration Protocol,DHCP)功能。接入管理主要是设置 Wi-Fi 名称并将其传播,使其他设备可以接收到此热点信息以便能够申请接入。DHCP 功能为接入的新设备分配一个 IP 地址,使其能够正常通信。

因为 Wi-Fi 通道资源的有限性以及接入设备的安全性等问题,实现接入管理是必要的。实现妥善的接入管理,对于保障 Wi-Fi 热点网络的可用性、稳定性和服务质量等具有重要意义。在本次实验中,使用 Hostapd(Host Access Point Daemon)来实现接入管理,Hostapd 是一个用户空间的守护进程,主要用于无线接入点和授权服务器。它实现了 IEEE802.11 接入结点管理,IEEE802.1X/WPA/WPA2/EAP 认证 EAP(Extensible Authentication Protocol)服务器认证和 RADIUS(Remote Authentication Dial in User Service)服务器认证的功能。使用 Hostapd 能够使无线网卡切换为 Master 模式,从而能够模拟为一个路由器。

首先在树莓派上安装 Hostapd,命令如下：

```
sudo apt-get install hostapd
```

安装完成后要修改 Hostapd 的配置文件,文件位置在/etc/hostapd/hostapd.conf ,如果文件不存在则创建文件。文件中的具体内容如下：

```
# 选择网络接口名称,可以使用 ifconfig 命令查看可用接口
interface= wlan0
# 驱动选择
driver= nl80211
# AP 名称
ssid= AP_test
# 802.11g,一般 3 个模式：a,b,g
hw_mode= g
# 工作的信道
channel= 6
# iEEE802.11n
ieee80211n= 1
# 启用 WMM
wmm_enabled= 1
# 1 wpa,2 wpa2, 3 两者。指定 wpa 版本
wpa= 2
# 加密方式
wpa_key_mgmt= WPA-PSK
# 密码
wpa_passphrase= raspberry
# 加密算法
rsn_pairwise= CCMP
```

上述配置文件中的信息即为要创建热点的基本信息,其中 ssid 为热点名称,wpa_passphrase 为热点密码。可以根据需要修改这两个参数。

之后向 Hostapd 指定它配置文件的位置,修改文件/etc/default/hostapd,添加下面语句:

```
DAEMON_CONF= "/etc/hostapd/hostapd.conf"
```

配置好 Hostapd 后,暂时先不要启动,因为启动后树莓派将会无法上网。如果你是通过 ssh 连接树莓派的话,那么启动后将无法再连接到树莓派。因此,我们要先设置静态 IP,这样保障后面可以继续通过网线与树莓派连接。

设置静态 IP 的方法是修改树莓派中的/etc/network/interfaces,其中树莓派 Pi1 中的/etc/network/interfaces 文件具体内容如下:

```
auto wlan0
allow-hotplug wlan0
iface wlan0 inet static  # 静态 IP
address 192.168.100.1    # 静态 IP 地址
netmask 255.255.255.0    # 子网掩码
network 192.168.100.0    # 网段
broadcast 192.168.110.255  # 广播地址

auto eth0
iface eth0 inet static
address 192.168.101.10
netmask 255.255.255.0
network 192.168.101.0
gateway 192.168.101.20
broadcast 192.168.101.255
```

树莓派 Pi2 中的/etc/network/interfaces 文件具体内容如下:

```
auto wlan0
allow-hotplug wlan0
iface wlan0 inet static
address 192.168.110.1
netmask 255.255.255.0
network 192.168.110.0
broadcast 192.168.110.255

auto eth0
iface eth0 inet static
address 192.168.101.20
netmask 255.255.255.0
```

```
network 192.168.101.0
gateway 192.168.101.10
broadcast 192.168.101.255
```

本次实验使用静态 IP 配置方式,以下介绍使用 DNSmasq 工具来实现 DHCP 功能作为可选实验。DNSmasq 提供 DNS 缓存和 DHCP 服务功能。作为域名解析服务器(Domain Name Server,DNS),DNSmasq 可以通过缓存 DNS 请求来提高对访问过网址的连接速度。作为 DHCP 服务器,DNSmasq 可以用于为局域网电脑分配内网 IP 地址和提供路由。

DNSmasq 具体安装配置过程如下:

```
sudo apt-get install dnsmasq
```

安装完成后修改相应的配置文件/etc/dnsmasq.conf。

```
interface= wlan0
listen-addresses= 192.168.100.1
bind-interfaces
server= 8.8.8.8
domain-needed
bogus-priv
dhcp-range= 192.168.100.100,192.168.100.200,24h
```

其中 interface 为监听的接口,listen-addresses 为该接口对应的 IP 地址,本次实验中为 wlan0 接口的静态 IP 地址,设置静态 IP 地址的方法将在下面的内容中介绍。server 为 DNS 服务器地址(本次实验中不会用到)。dhcp-range 为给接入设备分配的 IP 地址范围。其中两个树莓派配置文件不同,树莓派 Pi1 的 listen-addresses 为 192.168.100.1,dhcp-range 为 192.168.100.100,92.168.100.200。树莓派 Pi2 的 listen-addresses 为 192.168.110.1,dhcp-range 为 192.168.110.100,192.168.110.200。

设置 Hostapd 和 DNSmasq 开机自动启动:

```
# 设置 Hostapd 开机自启
systemctl unmask hostapd.service
systemctl enable hostapd.service
# 设置 Dnsmasq 开机自启
systemctl enable dnsmasq.service
```

上述步骤完成后,可以用电脑连接树莓派的热点,然后使用 ssh 访问树莓派。访问到树莓派后,在树莓派 Pi1 上使用 ping 192.168.110.1 命令或者在树莓派 Pi2 上使用 ping 192.168.100.1 命令检测两个不同网段是否连通。另外,可以在树莓派上使用 route 命令查看相应的路由表。

3.1.7 RIP/OSPF 路由协议部署

1)实验目标

在 3.1.6 节所示实验中,我们搭建了一个小型的局域网络。并且在两个路由器(树莓派)

eth0 接口上指定了网关使得两个网段中的网络可以连通。在本次实验中,我们不在路由器(树莓派)上指定网关,而是分别在两个路由器上部署 RIP/OSPF 路由协议[22],根据路由协议来生成路由表,使得实验网络拓扑中不同网段的网络能够连通。由此了解路由表的工作原理,路由表的生成方法以及路由协议的开发方法。

2)实验原理

RIP(Routing Information Protocol)和 OSPF(Open Shortest Path First)是两种常见的路由协议,但在功能和应用方面有些不同。RIP 是一种比较简单的内部网关协议(Interior Gateway Protocol,IGP),它是一种基于距离矢量算法的协议,使用了基于距离矢量的贝尔曼-福特算法来计算到达目的网络的最佳路径,使用跳数作为度量来衡量到达目的网络的距离。而 OSPF 协议是一种用于路由的链路状态协议,它是一种动态路由协议,用于在 IP 网络中计算路由信息,并决定最佳路径转发数据包。OSPF 协议适用于中等到大型规模的网络环境。本书将以 OSPF 协议为例,学习路由协议的部署方法和运作原理。

3)实验步骤

首先我们在树莓派(路由器)上修改 3.1.6 节实验中已经配置过的/etc/network/interfaces 文件,删除文件中指定网关的语句。例如 gateway 192.168.101.10,在两个树莓派(路由器)上都删除该语句后,使用/etc/init.d/networking restart 命令重启网络。重启完成后,该实验中搭建的处于两个网段中的网络将不再连通,使用 ping 命令将无法互相 ping 通。然后我们要在树莓派(路由器)上部署路由协议,使得这两个网段中的网络能够相互连通。

本次实验中使用 Quagga 在树莓派(路由器)上部署 RIP 或者 OSPF 路由协议。Quagga 是一个支持 OSPFv2、OSPFv3、RIPv1 和 v2、RIPng,以及 BGP-4 的路由协议套件。我们可先在树莓派(路由器)上安装 Quagga。安装命令如下:

```
sudo apt-get install quagga
```

如果顺利执行完命令没有报错,安装就基本完成了。安装成功后可以在/etc/services 文件夹下看到相关协议对应的端口号,如图 3-15 所示。

```
zebra      2601/tcp            # zebra vty
ripd       2602/tcp            # ripd vty (zebra)
ripngd     2603/tcp            # ripngd vty (zebra)
ospfd      2604/tcp            # ospfd vty (zebra)
bgpd       2605/tcp            # bgpd vty (zebra)
ospf6d     2606/tcp            # ospf6d vty (zebra)
ospfapi    2607/tcp            # OSPF-API
isisd      2608/tcp            # ISISd vty (zebra)
```

图 3-15 Quagga 安装示意图

安装完成后接下来要修改相关的配置文件。先复制示例配置文件 xxx.conf.sample 到树莓派的/etc/quagga/文件夹下。示例配置文件在 Quagga 项目源码文件夹里可以找到,其中,最基本的为 zebra.conf 文件。树莓派 Pi1 中的 zebra.conf 配置文件内容如下:

```
! - * - zebra - * -
!
! zebra sample configuration file
!
! $ Id: zebra.conf.sample,v 1.1 2002/12/13 20:15:30 paul Exp $
!
hostname Router
password zebra
enable password zebra
!
! Interface's description.
!
interface eth0
  IP address 192.168.101.10/24
! description test of desc.
!
interface wlan0
  IP address 192.168.100.1/24! multicast
!
! Static default route sample.
!
! IP route 0.0.0.0/0 203.181.89.241
!
log file /var/log/quagga/zebra.log
```

注：文件中的感叹号"!"表示注释。

树莓派 Pi1 中的/etc/quagga/ripd.conf 文件内容如下：

```
! - * - rip - * -
!
! RIPd sample configuration file
!
! $ Id: ripd.conf.sample,v 1.1 2002/12/13 20:15:30 paul Exp $
!
hostname RouterPi_2
password zebra
!
```

```
debug rip events
debug rip packet
!
router rip
network 192.168.101.0/24
network 192.168.110.0/24
! network eth0
! route 10.0.0.0/8
! distribute-list private-only in eth0
!
! access-list private-only permit 10.0.0.0/8
! access-list private-only deny any
!
log file /var/log/quagga/ripd.log
!
log stdout
```

树莓派 Pi1 中的 /etc/quagga/ospfd.conf 文件内容如下:

```
! - * - ospf - * -
!
! OSPFd sample configuration file
!
!
hostname ospfd
password zebra
enable password zebra
! enable password please-set-at-here
!
router ospf
  network 192.168.101.0/24 area 0
  network 192.168.110.0/24 area 0
!
log file /var/log/quagga/ospfd.log
log stdout
```

树莓派 Pi1 中的配置文件配置好后,可以参考树莓派 Pi1 中的配置文件修改树莓派 Pi2 中的相关文件。

配置完成后,可以通过 service 命令启动 zebra、ospfd 或者 ripd 程序,具体命令如下:

```
sudo service zebra start
sudo service ospfd start/sudo service ripd start
```

其中，zebra 程序是基本程序必须要最先启动，ospfd 和 ripd 根据需要选择其中一个启动即可。

默认情况下，安装 Quagga 成功后，所有有关 Quagga 的程序都会开机自启，可以使用 systemctl 命令管理开机自动启动项，具体命令如下：

```
sudo systemctl disable ripd.service     # 禁止开机自启 ripd 程序
sudo systemctl disable ospfd.service    # 禁止开机自启 ospfd 程序
```

建议首先运行上述两个命令先禁止 ripd 以及 ospfd 程序自动启动，否则重启树莓派后可能会同时运行多个路由协议，本次实验建议在路由器上运行单个的路由协议。

在上述设置都配置好后，重启两个树莓派（路由器），重启完成后就可以开始配置 OSPF/RIP 协议，本教程以启动 OSPF 协议为例，使用如下命令来启动 OSPF 程序。

```
sudo service zebra start
sudo service ospfd start
```

启动成功后，可以在任意一个树莓派（路由器）上使用 sudo vtysh 命令进入路由器虚拟管理界面，进入路由器虚拟管理界面后可以使用 show ip ospf neighbor 命令查看 OSPF 路由查找到的邻居节点，结果如图 3-16 所示。

```
raspberrypi# show ip ospf neighbor

Neighbor ID     Pri State           Dead Time Address         Interface              RXmtL RqstL DBsmL
192.168.110.1     1 Full/DR           32.150s 192.168.101.20  eth0:192.168.101.10        0     0     0
```

图 3-16　OSPF 查找结果示意图

使用 show ip route 命令查看 OSPF 协议生成的路由表信息，结果如图 3-17 所示。

```
raspberrypi# show ip route
Codes: K - kernel route, C - connected, S - static, R - RIP,
       O - OSPF, I - IS-IS, B - BGP, P - PIM, A - Babel, N - NHRP,
       > - selected route, * - FIB route

C>* 127.0.0.0/8 is directly connected, lo
O   192.168.100.0/24 [110/10] is directly connected, wlan0, 00:17:49
C>* 192.168.100.0/24 is directly connected, wlan0
O   192.168.101.0/24 [110/10] is directly connected, eth0, 00:17:40
C>* 192.168.101.0/24 is directly connected, eth0
O>* 192.168.110.0/24 [110/20] via 192.168.101.20, eth0, 00:17:31
```

图 3-17　OSPF 路由表信息

OSPF 协议部署成功后，我们可以使用 ping 命令检测处于不同网段网络是否连通。RIP 协议的部署与 OSPF 部署过程相同，这里不再进行介绍。

在成功部署 RIP/OSPF 路由协议后，为更加深入了解 RIP/OSPF 路由协议，接下来我们将使用 tcpdump 抓包工具抓包分析 RIP/OSPF 路由协议。

3.1.8 抓包分析 RIP 协议

1)实验目标

在成功部署 RIP 路由协议的网络中使用 tcpdump 抓包工具抓包分析 RIP 路由协议。

2)实验步骤

(1)使用 sudo tcpdump -i eth0 src 192.168.101.10 -w ./rip.pcap 命令,将抓取到的数据包存入 rip.pcap 文件中,再导入到 Wireshark 中查看详细信息。使用 Wireshark 筛选出包含 RIP 协议的数据包如图 3-18 所示。

No.	Time	Source	Destination	Protocol	Length	Info
1	0.000000	192.168.101.10	224.0.0.9	RIPv2	66	Request
4	0.994895	192.168.101.10	224.0.0.9	RIPv2	66	Response
7	30.016050	192.168.101.10	224.0.0.9	RIPv2	66	Response
10	54.029123	192.168.101.10	224.0.0.9	RIPv2	66	Response
13	87.046147	192.168.101.10	224.0.0.9	RIPv2	66	Response
15	122.070241	192.168.101.10	224.0.0.9	RIPv2	66	Response

图 3-18 RIP 协议数据包

注意:当树莓派(路由器)上的 ripd 服务运行一段时间生成相应的路由表后,可能不会抓取到完成的数据包。因此,建议先运行抓包命令,再在树莓派上启动 ripd 服务。这样,RIP 路由协议在生成路由表过程中产生的数据包都会被抓取到(后续在抓包分析 OSPF 路由协议过程中也有类似的情况需要注意)。

(2)分析抓取到的不同类型的数据包(与 RIP 路由协议原理对照分析)。

3.1.9 抓包分析 OSPF 协议

1)实验目标

在成功部署 OSPF 路由协议的网络中使用 tcpdump 抓包工具抓包分析 OSPF 路由协议。

2)实验步骤

(1)使用 sudo tcpdump -i eth0 src 192.168.101.10 -w ./ospf.pcap 命令,将抓取到的数据包存入 ospf.pcap 文件中,再导入到 Wireshark 中查看详细信息。使用 Wireshark 筛选出包含 OSPF 协议的数据包如图 3-19 所示。

(2)分析抓取到不同类型的数据包(与 OSPF 路由协议原理对照分析)。

通过本节的实验,一个小型的局域网已经搭建完毕,并且处于这个局域网中的节点都已经连通起来。但是考虑到网络中需要专门的节点来作为接入点,若连接到接入点的节点数量过多,其负载将会大大增加,对整个网络的性能会造成很大的影响。此外,由于接入点的传输范围有限,整个网络的覆盖范围(即能够接入的传感器等终端设备)也就会大大受限。利用多

```
ospf                                                                                    X  +
No.      Time         Source              Destination         Protocol  Length  Info
    1 0.000000        192.168.101.10      224.0.0.5           OSPF          78 Hello Packet
    4 8.958990        192.168.101.10      192.168.101.20      OSPF          66 DB Description
    5 8.960038        192.168.101.10      192.168.101.20      OSPF          86 DB Description
    6 8.960888        192.168.101.10      192.168.101.20      OSPF          66 DB Description
    7 8.960990        192.168.101.10      192.168.101.20      OSPF          94 LS Request
    8 8.962255        192.168.101.10      192.168.101.20      OSPF          78 LS Acknowledge
    9 8.962355        192.168.101.10      192.168.101.20      OSPF          70 LS Request
   10 8.962480        192.168.101.10      224.0.0.5           OSPF          94 LS Update
   13 9.959410        192.168.101.10      224.0.0.5           OSPF         118 LS Acknowledge
   14 10.000089       192.168.101.10      224.0.0.5           OSPF          82 Hello Packet
   16 13.962286       192.168.101.10      192.168.101.20      OSPF          70 LS Request
   17 13.963782       192.168.101.10      224.0.0.5           OSPF         158 LS Update
   20 14.963379       192.168.101.10      224.0.0.5           OSPF          78 LS Acknowledge
   21 20.000250       192.168.101.10      224.0.0.5           OSPF          82 Hello Packet
   24 23.962469       192.168.101.10      192.168.101.20      OSPF         110 LS Update
   25 30.000392       192.168.101.10      224.0.0.5           OSPF          82 Hello Packet
   29 39.999832       192.168.101.10      224.0.0.5           OSPF         110 LS Update
   30 40.000473       192.168.101.10      224.0.0.5           OSPF          82 Hello Packet
   33 50.000641       192.168.101.10      224.0.0.5           OSPF          82 Hello Packet
   35 60.000777       192.168.101.10      224.0.0.5           OSPF          82 Hello Packet
   36 70.000924       192.168.101.10      224.0.0.5           OSPF          82 Hello Packet
   37 80.001055       192.168.101.10      224.0.0.5           OSPF          82 Hello Packet
```

图 3-19　OSPF 协议数据包

个接入点协同构成主干网络，各个接入点分别又接入不同区域的终端设备，可以潜在地解决这一问题。下一节的实验将以移动自组织网络为例介绍，并使用树莓派节点搭建一个 Ad Hoc 网络。

3.2　Ad Hoc 网络

传统的通信方式常常受到一系列问题的制约，其中包括对中心化基础设施的依赖、有限的覆盖范围以及高能耗等挑战。为应对这些问题，移动自组织网络崭露头角。Ad Hoc 网络摆脱了对中央控制的依赖，实现了设备之间直接通信，无需事先建立基础设施，使得网络更加灵活和鲁棒[23]。这种去中心化的特性使 Ad Hoc 网络能够快速部署，适应动态环境，并有效解决传统通信方式的一些弊端。Ad Hoc 网络的灵活性、快速部署和动态调整的特点使其成为物联网中的理想选择。物联网中的设备通常分布广泛，而 Ad Hoc 网络允许这些设备在没有中央基础设施的情况下进行高效通信。此外，Ad Hoc 网络的节能和扩展性使其更适应物联网中大量设备的需求，设备能够在需要通信时启动连接，降低不必要的能耗。下面我们先简要了解一下 Ad Hoc 网络。

随着人们对摆脱有线网络束缚、随时随地可以进行自由通信的渴望，近几年来无线网络通信得到迅速的发展。人们可以通过配有无线接口的便携计算机或个人数字助理来实现移动中的通信。目前的移动通信大多需要有线基础设施（如基站）的支持才能实现。为了能够在没有固定基站的地方进行通信，一种新的网络技术——移动自组织网络技术应运而生。移动自组织网络是一种多跳的临时性自治系统,它的原型是美国早在1968年建立的ALOHA网络和之后于1973提出的PR(Packet Radio)网络。IEEE在开发802.11标准时,提出将PR网络改名为Ad Hoc网络,也即今天我们常说的移动自组织网络。Ad Hoc网络是一种工作在无固定结构环境下的自组织的无线移动网络。网络中的每个节点既能充当主机又能充当路由器,其节点可以移动,在没有网络基础设施的情况下,Ad Hoc网络为军事通信、灾难救助和临时通信提供了有效的解决方案。由于Ad Hoc网络具有组网迅速、灵活、使用方便等特点,目前它已经受到了国际学术界和工业界的广泛关注,正在得到越来越广泛的应用。Ad Hoc网络已成为移动通信技术向前发展的重要方向,并将在未来的通信技术中占据重要地位。其灵活的组网、自适应性和广泛应用性,使其在现代通信领域中发挥着越来越重要的作用,为人们的生活、工作和社会发展带来了深远影响。

3.2.1 Ad Hoc发展历史

Ad Hoc网络的发展历史可以追溯到1968年,当时在美国夏威夷大学,为了使分布在4个岛屿7处校园的人们能够实现计算机之间的通信,他们构建了第一个无线自组网——ALOHA系统。在这个网络中,计算机不能移动,相互之间只能一跳可达。

于是,为了解决上面的问题,在1973年,美国国防部高级研究计划署(DARPA)开始将ALOHA技术和分组交换技术移植到军事环境中,开发了第一个高速的无线移动自组网——分组无线网(Packet Radio Network,PRNET)。PRNET是最早期的自组网之一。随后,于1983年,该机构启动了高残存性自适应网络(Survivable Adaptive Network,SURAN)项目,研究如何将PRNET的研究成果加以扩展,以支持更大规模的网络。于1994年,对能够满足军事应用需要的、可快速展开、高抗毁性的移动信息系统进行了深入研究,进一步地发展出全球移动信息系统(Global Mobile Information System,GloMo)项目,Ad Hoc网络正是汲取了这些项目的研究成果逐步发展起来的。

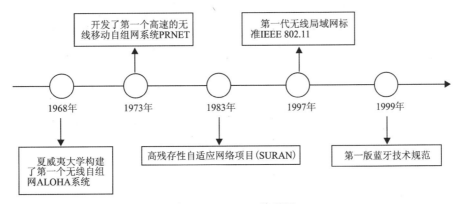

图3-20 Ad Hoc演进图

进入20世纪90年代,Ad Hoc网络技术在军事领域逐渐走向成熟,民用企业也看到了它的前景。于是,民用领域开始出现Ad Hoc网络的标准和应用。1997年6月发布了第一代无线局域网标准IEEE 802.11,该标准支持一跳的Ad Hoc网络工作模式,进一步推动了Ad Hoc网络的发展。同时,瑞典Ericsson公司于1994年推出了蓝牙技术开发计划,并于1999年公布了第一版蓝牙技术规范。蓝牙技术成为Ad Hoc网络技术的一种应用,具有自组织能力,可以实现便携式计算机、打印机、个人数字助理(Personal Digital Assistant,PDA)、耳机等其他便携式设备的互联互通,方便地构成个人网络。现在,蓝牙已成为面向个域网的IEEE标准IEEE 802.15.1。

目前,国内外有关Ad Hoc网络的研究计划主要包括美国DARPA资助的Small Unit Operation Awareness System,该系统开发了能够支持未来行动中士兵信息需求的突破性技术。在高移动环境下,福州大学也开展了由100个试验单元组成的现场试验,该系统可同时支持10 000个用户,工作频段为20MHz到2.5GHz,自适应数据速率为4Mbps到16bps。此外,瑞士联邦工学院与瑞士电信合作的长期研究项目Terminnodes也研究和实现了大规模移动自主Ad Hoc网络等。这些研究计划为Ad Hoc网络的未来发展奠定了基础。

3.2.2 Ad Hoc技术简介

Ad Hoc网络可以采用不同的网络结构,包括平面结构、单频分级结构和多频分级结构。图3-21中描述的是平面结构,平面结构是最简单的Ad Hoc网络拓扑,其中所有设备在同一频率上进行通信,设备之间互相连接,但没有分级或分组。图3-22中描述的是单频分级结构,单频分级结构引入了分级的概念,将设备分成不同的组或层级,以减少干扰和提高网络性能。每个组或层级使用不同的频率进行通信,以降低干扰。图3-23中描述的是多频分级结构,多频分级结构进一步改进了网络性能,通过在每个分组内使用多个频率,减少了干扰的可能性,并提高了网络的容量和可靠性。这些不同的Ad Hoc网络结构可以根据特定应用需求和环境选择,以实现更好的通信效果[24]。

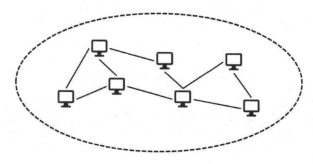

图3-21 Ad Hoc的平面结构图

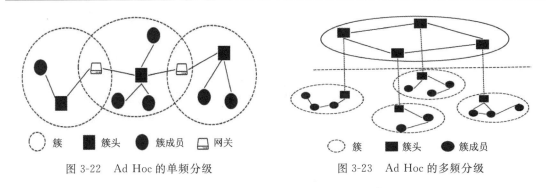

图 3-22　Ad Hoc 的单频分级　　　　　图 3-23　Ad Hoc 的多频分级

图 3-24 描述的是 Ad Hoc 的协议栈图,从该图可以看出 Ad Hoc 协议主要分为物理层、数据链路层、网络层、传输层以及应用层。其中,物理层可根据多种标准进行配置,如 IEEE 802.11、蓝牙和 ZigBee 等。物理层可采用不同传输技术,包括正交频分复用(Orthogonal Frequency Division Multiplexing,OFDM)、红外线以及扩频技术。数据链路层包括媒体接入控制子层(Media Access Control Sublayer,MAC)和逻辑链路控制子层(Logical Link Control Sublayer,LLC)。MAC 子层的主要任务是协调多个用户共享可用频谱资源,解决频谱划分和信道分配问题。网络层主要包括网络层和网络互连层。主要的传输层协议与传统网络相同,主要是 UDP 和 TCP。

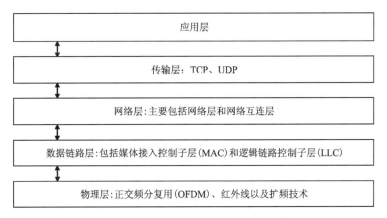

图 3-24　Ad Hoc 网络的通用协议栈结构

上述 Ad Hoc 的架构设计使得 Ad Hoc 有如下特点:网络拓扑动态变化自适应、无中心自组、多跳多频通信、移动终端自主。这些特点共同塑造了 Ad Hoc 网络的自适应、去中心化、抗毁性,适应多样的无线通信环境和设备限制,因而也特别适合物联网环境。接下来,我们简要介绍 Ad Hoc 网络的典型应用场景,以便对 Ad Hoc 网络有更进一步的认识。

3.2.3　Ad Hoc 应用场景

1)军事领域

Ad Hoc 网络技术在军事领域具有重要的应用价值,成为军事通信领域的重要支柱。其独特特点包括无需预先布置复杂的网络基础设施、能够快速灵活地部署以及对外部破坏具有较强的抵抗能力。图 3-25 中描述的就是 Ad Hoc 在军事中实用的场景。士兵与指挥官通过手持、背负等可携带无线通信设备构成 Ad Hoc 网络实现战场环境中不依赖于基础通信设施的移动通信。

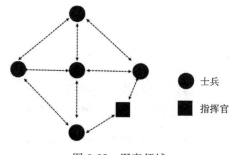

图 3-25　军事领域

2) 传感器网络

在诸多应用场景中,传感器网络通常必须依赖无线通信技术,受限于传感器体积和出于能源节约的考虑,传感器的发射功率受到一定限制。为了克服这一挑战,利用传感器间协同构建 Ad Hoc 网络实现多跳通信从而扩大感知与通信范围,成为了一种非常实用的解决方案。在这种解决方案中,分散部署在不同位置的传感器通过组成 Ad Hoc 网络来实现多跳通信。图 3-26 描述的是 Ad Hoc 应用到传感器网络的图片。

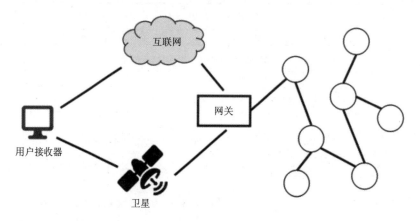

图 3-26　传感器网络

3) 紧急应用

图 3-27 中描述的是 Ad Hoc 在救灾中的使用。该图描述的是一种基于无线蜂窝网和 Ad Hoc 网络的应急通信系统。该系统由网络控制终端和通信终端组成,它们通过 Ad Hoc 网络进行通信。在通信基础设施的受灾区域,Ad Hoc 网络能够通过协同在网络内部进行灾情等信息交换,也有可能能够通过某一个可接入互联网的终端将灾情信息汇聚传输到数据中心,辅助救灾研判。

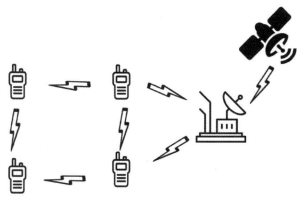

图 3-27 应急通信系统

3.2.4 Ad Hoc 网络组建

通过上面知识的学习,我们已经对 Ad Hoc 网络有了初步的了解。接下来,我们尝试基于我们的实验设备构建一个简单的 Ad Hoc 网络组建。

1) 实验目标

使用树莓派进行组网实验,通过实验了解 Ad Hoc 网络,理解网络 IP、网关等对网络的影响,搭建 Ad Hoc 网络,并在网络中部署路由算法,使得网络中各个节点之间可以通信。

2) 实验工具

实验工具为树莓派 4b、网卡。

3) 实验内容

要求:通过设置树莓派网卡,进行组网实验,组网成功后,3 个节点可以互相 ping 通,并使用 tcpdump 抓包。为了组网,我们需要修改 Linux 的网络接口配置文件:sudo vim/etc/ network/interface,参考以下内容进行修改后添加至文件。

```
auto wlan0
iface wlan0 inet static
address 10.0.0.6
netmask 255.255.255.0
network 10.0.0.0
broadcast 10.0.0.255
wireless-channel 3
wireless-essid mypi
wireless-mode ad-hoc
```

（1）其中，address 为节点 IP 地址，每个节点的 address 应不相同，此处仅为举例，其他类似地址也可以。但是，同一网络的节点应在同一网段，应在 1~255 之间，wlan0 为组网对应的网卡名称，可通过 ifconfig 命令查看。wireless-essid 为 Ad Hoc 网络名称，同一网络名称应相同。

（2）wireless-channel 为网络信道，应在 3~7 之间。修改后使用命令重启网络，或者重启设备即可。

sudo /etc/init.d/networking restart

使用 ifconfig 和 iwconfig 命令查看组网结果，若对应网卡显示出了正确的 IP、mode、essid 和 cell 则说明组网成功，成功后便用 ping 命令进行测试可获得如图 3-28 所示结果。

若使用此方法不成功则使用手动修改网卡的方式（此方式每次重启设备需要重新再部署一次）：

sudo ifconfig wlan0 10.0.0.6
sudo iwconfig wlan0 essid "mypi"

部署后若 ping 不通，一般可能是 arp 表中缺少表项，添加即可。

sudo arp -s 10.0.0.3(目的主机 IP) xx:xx:xx:xx:xx:xx(目的主机的 MAC 地址)

```
pi@k8s-master:~ $ ping 10.0.0.3
PING 10.0.0.3 (10.0.0.3) 56(84) bytes of data.
64 bytes from 10.0.0.3: icmp_seq=1 ttl=64 time=0.192 ms
64 bytes from 10.0.0.3: icmp_seq=2 ttl=64 time=0.125 ms
64 bytes from 10.0.0.3: icmp_seq=3 ttl=64 time=0.133 ms
64 bytes from 10.0.0.3: icmp_seq=4 ttl=64 time=0.185 ms
64 bytes from 10.0.0.3: icmp_seq=5 ttl=64 time=0.087 ms
64 bytes from 10.0.0.3: icmp_seq=6 ttl=64 time=0.178 ms
64 bytes from 10.0.0.3: icmp_seq=7 ttl=64 time=0.128 ms
64 bytes from 10.0.0.3: icmp_seq=8 ttl=64 time=0.117 ms
64 bytes from 10.0.0.3: icmp_seq=9 ttl=64 time=0.173 ms
64 bytes from 10.0.0.3: icmp_seq=10 ttl=64 time=0.128 ms
64 bytes from 10.0.0.3: icmp_seq=11 ttl=64 time=0.113 ms
64 bytes from 10.0.0.3: icmp_seq=12 ttl=64 time=0.206 ms
64 bytes from 10.0.0.3: icmp_seq=13 ttl=64 time=0.124 ms
64 bytes from 10.0.0.3: icmp_seq=14 ttl=64 time=0.112 ms
64 bytes from 10.0.0.3: icmp_seq=15 ttl=64 time=0.122 ms
64 bytes from 10.0.0.3: icmp_seq=16 ttl=64 time=0.174 ms
64 bytes from 10.0.0.3: icmp_seq=17 ttl=64 time=0.185 ms
^C
--- 10.0.0.3 ping statistics ---
17 packets transmitted, 17 received, 0% packet loss, time 580ms
rtt min/avg/max/mdev = 0.087/0.146/0.206/0.034 ms
```

图 3-28 Ad Hoc 组网结果

Ad Hoc 网络中跨越多个节点通信时，需要通过路由转发的方式来进行消息传递。为此，我们需要在网络中运行一个路由协议，建立路由表，让节点可以和网络中任意一个节点进行通信。传统路由协议（如第 2 章提到的 RIP 协议与 OSFP 协议）未考虑 Ad Hoc 网络的特性，因而并不适用于 Ad Hoc 网络。在 Ad Hoc 网络中,所有节点处于平等地位,形成一个对等网络。节点可以随时加入、离开、移动,并且可能会随时随机地开关机。当某节点要与其覆盖范围之外的某节点进行通信时,数据可以通过中间节点进行转发,而是一个节点的故障不会影响到整个网络。由此可见,Ad Hoc 网络拓扑是动态变化的,这会给传统的路由协议带来挑战。例如,路由算法可能尚未收敛,网络拓扑就发生了变化,导致路由发现和路由表维护的成本显著提高。此外,Ad Hoc 网络的系统带宽、能量等资源是有限的,而传统的路由协议在设计时没有考虑这些资源限制。因此,一般情况下不在自组网络中使用传统的路由协议。

针对 Ad Hoc 网络的特点与需要,有许多对应的路由协议被提了出来,例如 AODV(Ad Hoc On-Demand Distance Vector)协议、OLSR(Optimized Link State Routing)协议、DSR(Dynamic Source Routing)协议等。本书中将以 OLSR 协议作为代表进行试验,介绍 Ad Hoc 网络的路由协议搭建过程。

3.3 OLSR 协议

通过 Ad Hoc 组网,我们建立了一个灵活而动态的网络结构,使得设备可以自组织形成连接。在这种组网下,点对点和传播通信变得可行,为我们的实验奠定了基础。然而,随着实验的深入,我们可能逐渐意识到,仅仅有了组网结构是不够的。节点之间的通信需要更加灵活弹性的路由机制,以确保数据能够有效地传递,并且在网络拓扑发生变化时保持稳定。此时,Ad Hoc 路由协议的角色变得至关重要。Ad Hoc 路由协议不仅仅提供了高效的路由,还适应了自组织移动自适应网络的特殊需求,为我们的实验提供了可靠的通信基础。

OLSR 是一种典型的 Ad Hoc 路由协议,基于连接状态的表驱动,目标是通过最大限度地减少控制流量和提高路由的稳定性来优化链路状态。OLSR 协议可以通过改变最大传输时间间隔,从而改变对网络拓扑变化的反应,具有全分布方式工作、无中心节点和不要求可靠传输等特点。因此,OLSR 协议适用于需要在缺乏中央控制和基础通信设施的环境中建立动态路由的任何场景,尤其是在规模大、节点密度高的场合。

3.3.1 OLSR 发展历史

OLSR 协议的发展历程可以追溯到 20 世纪 90 年代末和 21 世纪初。OLSR 协议最早由法国国家计算机与自动化研究所的研究人员于 2001 年提出,这项协议的提出旨在解决无线自组织网络中的路由问题。2003 年,随着 OLSR 协议进入 IETF 的 MANET 工作组,并被标准化为 RFC3626,OLSR 协议正式成为一个公认的开放标准。这项新标准使不同厂商和开发者可以用同一套规范来设计与实现协议,提升了互操作性,极大地促进了其在 Ad Hoc 网络中的使用。因此,OSLR 协议得到了广泛的关注和传播。

此后,针对性能提高、减小控制流量和适应不断变化的网络环境等问题,OLSR 协议经历了多个版本的改进和优化。2014 年,OLSRv2 应运而出,作为第一版 OLSR 协议的继承,其引入了多点中继(Multi-Point Relay,MPR)机制。通过这一技术,OLSRv2 协议减少了同一区域内相同控制分组的转发次数,减少了网络冗余与开销,是一次极大的性能提升。2017 年,MP-OLSR 协议作为 OLSR 协议的一种扩展正式成为 IETF 标准,它是第一个用于移动自组织网络的多路径路由协议,在 OLSR 发展历史上具有里程碑意义。现在,OLSR 协议已经广泛应用在无人机网络、传感器自组织网络等领域中,预计未来将会推动更多的应用发展。

3.3.2 OLSR 协议简介

OLSR 协议是一种先验式路由协议,节点通过周期性地与自己的邻居节点交换分组信息来完成链路感知和邻居侦测过程,进而建立起自己的拓扑结构[25,26]。并通过接收拓扑控制分组获知全网的拓扑信息,以此为依据计算出一张从自身节点到达全网各个节点的传输路径的路由表。当节点有通信需求时可以通过查询路由表获得所需的路由信息。

OLSR 的路由报文主要有 HELLO 和 TC 两种。HELLO 报文主要用于邻居发现和链路监测。它们是定期发送的,用于确定哪些节点在通信范围内,以维持与邻居节点的联系,并且 HELLO 分组只在一跳范围内传输,收集邻居的信息,这有助于建立和维护邻居表。TC 消息包含有关节点和它们的邻居之间的链接状态信息,使用多播方式传输,其消息将被传播到整个网络,用于构建整个网络的拓扑图。

OLSR 协议通过 MPR 节点在全网范围内周期性地发送和转发 TC 分组来获取拓扑信息,并形成一个拓扑信息表。图 3-29 展示了当网络中节点接收到 TC 包后的处理流程。MPR 节点是 OLSR 协议引入 MPR 机制后产生的特殊节点。MPR 机制规定网络中的每个节点都要选出本地节点的部分一跳邻居节点加入 MPR 集,所选节点集合需要确保能够最小化网络中所有节点的重复覆盖,且唯有选中的 MPR 节点能传播链路状态信息。通过使用 MPR 机制,OLSR 协议能够在自组织网络中降低控制消息的传输开销,同时保持有效的通信。

OLSR 协议中的节点以通过 HELLO 分组和 TC 分组建立的邻居表与拓扑表为基础,使用 Dijkstra 最短路径算法计算其到达其他节点的最短路径。该算法确保在网络中选择最优路径,从而建立路由表,并在后面的通信过程中不断维护更新此路由表,以确保协议的性能。

基于上述 OLSR 协议实现原理,我们可以看出该协议具有以下几个重要特点:①自组织性,节点能够自动建立和维护路由表,无需中央管理。这使得协议适用于无中心控制的环境,

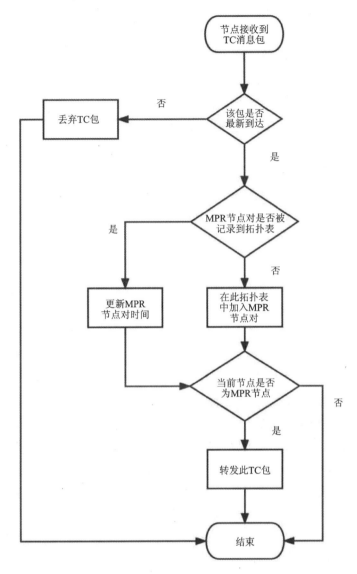

图 3-29 TC 包转发流程图

如无线传感器网络和移动自组织网络。②多点中继机制,MPR 机制减少了控制消息的传输开销。通过选择一小组节点负责消息的传播,协议能够有效地减少网络中的通信负载,提高了整个网络的效率。③支持移动性和快速适应性,随着节点的移动,OLSR 协议能够动态地调整路由信息,确保通信路径的连续有效性,并且可以快速适应网络拓扑结构的变化。这是通过定期的 HELLO 消息和 TC 消息的发送以及 MPR 机制的选择实现的,确保路由表能够及时地更新。

3.3.3 OLSR 应用场景

OLSR 是一种 Ad Hoc 网络中常用的路由协议。OLSR 在物联网中也得到广泛应用，特别适用于构建和管理传感器网络，提供自动路由、自组织性、低功耗、可靠性等关键特性，使其能够应对动态网络拓扑、节点自发加入和离开等挑战，从而实现了高效、可靠的数据传输和监测，在环境监测、农业、健康监测、智能城市和工业自动化等多个物联网领域发挥重要作用。

3.3.4 OLSR 实验部署

OLSR 协议是表格驱动、主动式路由协议，即有规律地与网络中其他节点交换拓扑信息。每个节点从其相邻节点中选择一组节点作为多点中继集 MPR。在 OLSR 协议中，只有选作 MPR 的节点才负责转发控制消息，将控制消息传播到整个网络中。MPR 提供一种高效的控制消息泛洪机制，减少了所要求的传输量。

1）实验目标

在上一节组建好的 Ad Hoc 网络中，部署 OLSR 路由协议，使得网络中的每个节点能够相互连通。

2）实验步骤

首先下载 OLSR 路由协议包，其下载链接："https://gitee.com/zeng-deze/one-student-one-system.git"（该链接包含该实验手册的核心代码以及相关库文件）。下载解压后，进入解压后的 OLSR 文件夹，使用 make 命令编译，再使用 sudo make install 命令安装即可。运行协议前，需要修改协议的配置文件，使用 sudo vim /etc/OLSRd/OLSRd.conf 命令打开文件后，删除空的加载项，仅保留如下内容：

```
LinkQualityFishEye           0
Interface "wlan0"
{
}
# 以下内容删除
# LoadPlugin "OLSRd_httpinfo.so.0.1"
# {
# }
#
# LoadPlugin "OLSRd_jsoninfo.so.0.0"
# {
# }
```

此外，应关闭网卡的 IPv6 协议并打开网卡的包转发功能，执行 sudo vim /etc/sysctl. conf 在最下方添加如下内容：

```
net.ipv6.conf.all.disable_ipv6= 1
net.ipv6.conf.default.disable_ipv6= 1
net.ipv6.conf.lo.disable_ipv6= 1
net.ipv4.ip_forward= 1
```

然后使用命令 sudo sysctl -p 使其生效，并使用命令 sudo OLSRd 运行协议。

3)tcpdump 抓包分析 OLSR 协议

为了进一步深入理解 OLSR 的工作原理与流程，我们拟在部署并运行了 OLSR 协议的 Ad Hoc 网络中使用 tcpdump 抓包分析 OLSR 路由协议。

本次实验抓取了两个节点的数据包，通过抓取到的数据包对 OLSR 路由协议进行初步的分析。实验使用到的两个节点的 IP 分别为 10.0.0.3 和 10.0.0.102。首先，使用 route 命令查看这两个节点的路由表，其结果如图 3-30、图 3-31 所示。

```
pi@k8s-master:  $ route
Kernel IP routing table
Destination     Gateway         Genmask         Flags Metric Ref    Use Iface
default         192.168.3.1     0.0.0.0         UG    0      0        0 wlan1
10.0.0.0        0.0.0.0         255.255.255.0   U     0      0        0 wlan0
10.0.0.0        10.0.0.102      255.255.255.0   UG    2      0        0 wlan0
10.0.0.102      10.0.0.102      255.255.255.255 UGH   2      0        0 wlan0
```

图 3-30　10.0.0.102 节点路由表

```
root@OpenWrt: # route
Kernel IP routing table
Destination     Gateway         Genmask         Flags Metric Ref    Use Iface
10.0.0.0        *               255.255.255.0   U     0      0        0 wlan0
10.0.0.3        10.0.0.3        255.255.255.255 UGH   2      0        0 wlan0
192.168.1.0     *               255.255.255.0   U     0      0        0 br-lan
```

图 3-31　10.0.0.3 节点路由表

路由表中的 Flags 字段 H 表明目标是一个主机，字段 G 表明为默认路由。当目标主机不能在路由表中查找到时，数据包就被发送到默认路由上。图 3-31 框中的部分表示 10.0.0.3 和 10.0.0.102 节点是直接连通的，可以直接传输数据。

下面使用 tcpdump 进行抓包，使用如下命令抓取两个节点之间的数据包，并将生成的 result. pcap文件导入 Wireshark 中进行查看，结果如图 3-32 所示。

```
sudo tcpdump -i wlan0 -c 10 host 10.0.0.3 or 10.0.0.102 -w .\result.pcap
```

OLSR 协议较为关键的消息类型为 HELLO 消息和 TC 消息，下面对抓取到的 HELLO 消息和 TC 消息进行介绍。HELLO 消息格式如图 3-33 所示。

OLSR 通过周期性地传播 HELLO 消息来探测邻居节点，建立邻居表。HELLO 消息只在一跳范围内传输。HELLO 消息各个字段的含义如下。

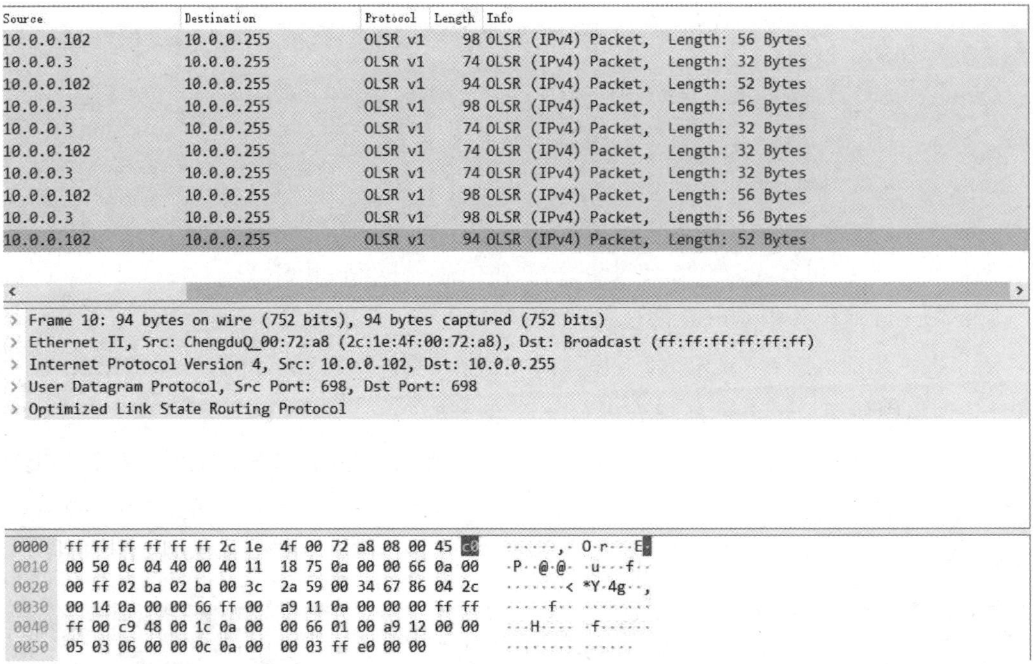

图 3-32 Wireshark 查看 OLSR 数据包

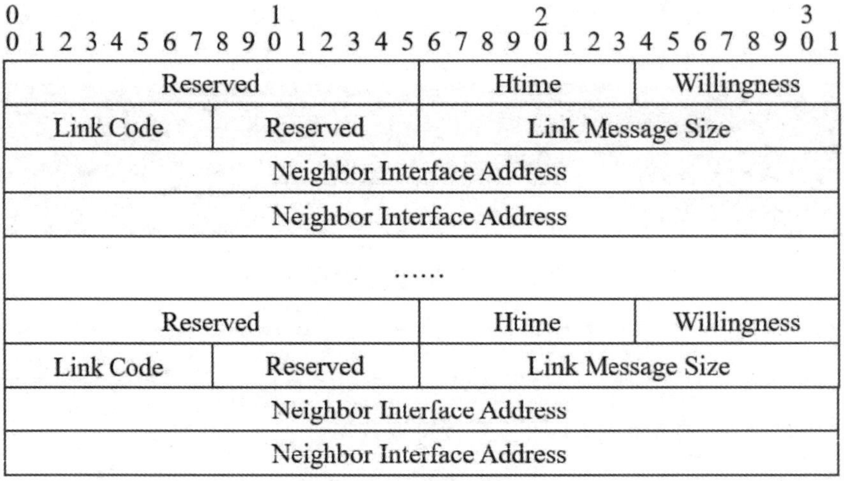

图 3-33 Hello 消息格式

Reserved 字段：保留字段，为"0000000000000000"。

Htime 字段：发送 HELLO 消息的时间间隔。

Willingness 字段：表示该节点是否愿意为其他节点转发消息，分别为 WILL_NEVER（该类型节点不会被选作 MPR 节点）、WILL_ALWAYS（会被选作 MPR 节点）以及默认的 WILL_DEFAULT。

Link Code 字段:描述了当前节点与下面要发送的邻居节点的连接状态。Link Code 字段包含 Link Type 和 Neighbor Type 两个字段,其中 Link Type 字段用于指示与邻居节点间的链路类型(单向链路或双向链路),Neighbor Type 则用于描述邻居节点类型(节点状态是否已知、是否建立连接)。

Link Message Size:表示从当前 Link Code 到下一个 Link Code 的长度,若无下一个 Link Code 则到分组结尾。

Neighbor Interface Address:邻居节点的 IP 地址。

使用 Wireshark 分析 HELLO 消息,其结果如图 3-34 所示。

```
∨ Optimized Link State Routing Protocol
    Packet Length: 32
    Packet Sequence Number: 20212
  ∨ Message: HELLO (LQ, olsr.org) (201)
      Message Type: HELLO (LQ, olsr.org) (201)
      Validity Time: 20.000 (in seconds)
      Message: 28
      Originator Address: 10.0.0.3
      TTL: 1
      Hop Count: 0
      Message Sequence Number: 58424
      Hello Emission Interval: 2.000 (in seconds)
      Willingness to forward messages: Unknown (3)
    ∨ Link Type: Symmetric Link (6)
        Link Message Size: 12
      ∨ Neighbor Address: 10.0.0.102 (224/255)
          Neighbor Address: 10.0.0.102
          LQ: 224
          NLQ: 255
```

图 3-34　Wireshark 抓取 HELLO 消息包

TC 消息为拓扑控制消息,每个节点都会周期性地发送 TC 消息,当一个节点收到 TC 消息时,就会进入拓扑信息维护模块来更新拓扑表。TC 消息的格式如图 3-35 所示,其各个字段的含义如下:

ANSN 字段:ANSN (Advertised Neighbor Sequence Number),当该节点的 MPR 节点集发生变化时,该字段的值会增加。接收到 TC 分组信息的节点可以根据该字段值的大小来判断收到的信息是否为最新的(Advertised Neighbor Node 为 MPR 节点)。

Advertised Neighbor Main Address 字段:选择这个节点作为 MPR 节点的集合,因此也称为 MPR Selector。使用 Wireshark 抓取到的 TC 消息包结果如图 3-36 所示。

```
 0                   1                   2                   3
 0 1 2 3 4 5 6 7 8 9 0 1 2 3 4 5 6 7 8 9 0 1 2 3 4 5 6 7 8 9 0 1
```

ANSN	Reserved
Advertised Neighbor Main Address	
Advertised Neighbor Main Address	
……	

图 3-35 TC 消息格式

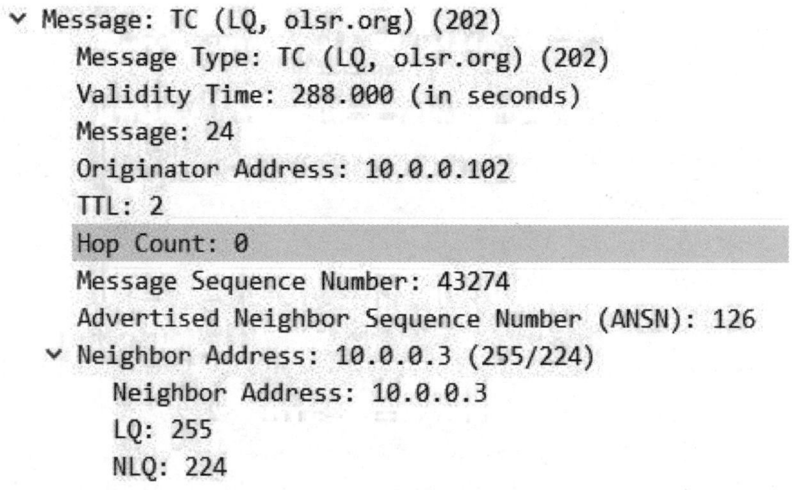

```
∨ Message: TC (LQ, olsr.org) (202)
    Message Type: TC (LQ, olsr.org) (202)
    Validity Time: 288.000 (in seconds)
    Message: 24
    Originator Address: 10.0.0.102
    TTL: 2
    Hop Count: 0
    Message Sequence Number: 43274
    Advertised Neighbor Sequence Number (ANSN): 126
  ∨ Neighbor Address: 10.0.0.3 (255/224)
      Neighbor Address: 10.0.0.3
        LQ: 255
        NLQ: 224
```

图 3-36 TC 消息报文

第4章　物联网应用层

物联网系统中通过感知层采集反映物理世界变化的数据,再由通信层进行传输,最后由应用层对数据进行处理,来实现各种各样的功能。为了便于开发者开发部署应用,出现了许多针对物联网应用层的技术,如针对物联网数据传输的消息队列技术(Message Queuing Telemetry Transport,MQTT),针对物联网应用部署的容器技术以及容器编排工具等。本章将以实现物联网数据可视化为目标,从物联网应用系统的架构出发进行介绍。

4.1　MQTT 协议

本书将探讨一种物联网应用层的通信协议 MQTT。MQTT 是一种基于发布/订阅(publish/subscribe)模式的"轻量级"通信协议,该协议基于 TCP/IP 协议构架,并由 IBM 公司在 1999 年发布。MQTT 最大优点在于,可以极少的代码和有限的带宽,为远程连接设备提供实时可靠的消息服务。MQTT 作为一种低开销、低带宽占用的即时通信协议,以其轻量、简单、开放和易实现的特点而在资源受限的环境(如物联网、卫星通信等)中得到广泛的应用。

1)MQTT 发展历史

MQTT 协议的历史可以追溯到 20 世纪 90 年代初,最初是为了满足石油管道上的传感器与卫星之间的数据传输需求而开发的,在当时被命名为"MQ Integrator SCADA Device Protocol,MQTT"。随着时间的推移,MQTT 逐渐演化成一种通用的、开放的通信协议。IBM 在 2001 年发布了 MQTT 的首个公开规范,将其引入物联网和嵌入式应用领域,从而确立了 MQTT 作为物联网设备之间通信的首选标准。2010 年,MQTT 协议的开源实现 Mosquitto 首次发布,这一事件加速了 MQTT 的发展,吸引了更多的开发人员和组织参与其中,推动了协议的标准化和进一步改进。

2013 年 3 月,结构化信息标准促进组织 OASIS(Organization for the Advancement of Structured Information Standards)宣布将 MQTT 作为新兴的物联网消息传递协议的首选标准。MQTT v3.1.1 于 2014 年 10 月正式发布,这一版本增强了协议的可靠性和安全性,并为其全球范围内的使用奠定了基础。2018 年,MQTT v5.0 正式发布,引入了多项新功能,以适应不断发展的物联网需求,成为自 2014 年的 v3.1.1 以来最重要的协议升级。MQTT 的不断演进使其能够应对物联网行业的新挑战和机遇,为未来的发展提供了坚实的基础。

最终,MQTT 于 2020 年成为 ISO 标准(ISO/IEC 20922:2016),这进一步巩固了其作为开放标准的地位,鼓励更多的制造商和开发者采用 MQTT 协议。MQTT 协议的漫长发展历史清晰地表明,它一直在不断适应和满足不同领域的通信需求,成为物联网技术的关键推动力,为连接设备和实现智能应用提供了可靠的解决方案。MQTT 的演进历史如图 4-1 所示。

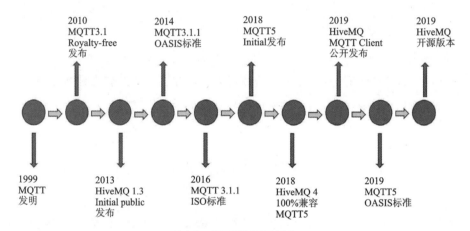

图 4-1　MQTT 演进历史

2) MQTT 协议简介

MQTT 协议是一种跨平台的轻量级通信协议,旨在实现高效可靠的设备间通信。它专为低带宽、不稳定的网络以及资源受限的设备而设计,采用小型数据包传输和低能耗原则,将数据包尽可能最小化并有效进行分发和传输,从而能够有效减少网络负担。

MQTT 协议的工作原理基于发布/订阅模型。设备或应用程序可以充当发布者(Publisher),将消息发布到特定的主题(Topic),而其他设备或应用程序可以充当订阅者(Subscriber),订阅感兴趣的主题[27,28]。发布者和订阅者通过 MQTT 代理服务器(Broker)进行通信,代理服务器负责管理主题和消息的传递。其通信模型如图 4-2 所示。

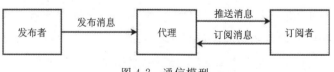

图 4-2　通信模型

当发布者发布一条消息时,代理服务器将该消息传递给订阅了相同主题的所有订阅者。传递的消息可以具有不同的传递质量级别,可根据所需的可靠性进行灵活选择。

MQTT 协议具有如下特点:

(1)轻量化。MQTT协议的消息头部非常紧凑,通常只包含2个字节,用来标识消息类型和控制信息。MQTT消息的结构也非常精简,只包含必要的信息,如主题和消息内容。这一结构显著减小了MQTT数据包的体积,缓解了网络通信的压力。此外,MQTT采用基于二进制的消息传输方式,而非传统的文本格式,该方式减少了消息的编码和解码开销,显著提高了通信效率。

(2)简单、开放、易实现。MQTT协议的设计非常简单,协议头部和消息结构都经过精心设计,使其易于理解和实现。协议头部仅包含少量字节,消息格式直接而紧凑,没有繁琐的复杂性。MQTT是一种开放标准的通信协议,其规范和文档是公开可用的,可以免费获取。

MQTT协议的简单性和开放性使其易于实现在各种编程语言与平台上。许多开源MQTT库和实现可供开发者使用,这些库提供了各种编程语言的API,简化了开发过程。因此,无论是在嵌入式设备、桌面应用程序还是服务器端,都可以轻松实现MQTT通信,降低了开发和维护的成本。

(3)可选的服务质量。MQTT协议允许用户根据其应用的需求选择适当的QoS级别,以确保消息的可靠传递。有3个不同的QoS级别可供选择:QoS 0,至多一次传递,无确认过程。在这个级别下,消息可能会丢失,适用于网络质量较差且数据的偶尔丢失不会对应用产生重大影响的情况,例如环境传感器数据采集。QoS 1,至少一次传递,一次确认。在这个级别下,确保消息至少传递一次,但可能会出现重复消息,适用于网络质量一般的情况。QoS 2,刚好一次传递,三次确认。在这个级别下,确保消息仅传递一次,适用于消息的重复传递或丢失会引发问题的场景,例如计费系统。

(4)遗嘱机制。遗嘱机制允许MQTT客户端在正常或非正常情况下与代理服务器断开连接时发送一条遗嘱消息。当客户端异常断开连接时,服务器会自动发布这个遗嘱消息,通知其他客户端该客户端已离线。该机制可协助服务监控设备状态,进行设备断线通知。

3)MQTT应用场景

MQTT协议可以被解释为一种低开销、低带宽占用的即时通信协议,它适用于硬件性能低下的远程设备以及网络状况糟糕的环境下。因此MQTT协议在物联网、小型设备、移动设备等方面有较广泛的应用。当前,很多传感器网络使用MQTT来传输实时的传感器数据。例如,气象站、环境监测设备等都可以利用MQTT发布数据,并由订阅者(如数据分析系统或应用程序)订阅和处理这些数据。

4)MQTT实验

MQTT使用的发布/订阅消息模式,提供了一对多的消息分发机制,从而实现与应用程序的解耦,这是一种消息传递模式,消息不是直接从发送器发送到接收器(即点对点),而是由MQTT服务器(或称为MQTT Broker)分发的。MQTT协议遵循精简、低开销、灵活等原则,并将低带宽、高延迟、不稳定的网络等因素考虑在内。在假设数据不可知的前提下,设计了灵活的数据格式,以适应物联网环境中常见的低带宽、高延迟和网络不稳定等挑战。以上特点让 MQTT 协议非常适合计算能力有限、网络带宽低、信号不稳定的远程设备。为让读者进一步了解 MQTT,本实验将尝试使用 MQTT 协议作为传感器的消息传输协议。

(1)实验目标。本实验的目标为:在物联网系统中搭建本地 MQTT 服务器,并通过 MQTT 协议传输传感器数据。

(2)实验步骤。首先需要下载 MQTT 服务器,可通过该手册代码仓库下载"https://gitee.com/zeng-deze/one-student-one-system/releases/tag/MQTT-Broker";也可通过官方链接下载,其参考命令如下:

```
wget
https://www.emqx.com/zh/downloads/broker/4.4.1/emqx-4.4.1-otp24.1.5-3-ubuntu20.04-arm64.zip
```

下载完成后,需要对其进行安装,参考命令如下:

```
unzip emqx-4.4.1-otp24.1.5-3-ubuntu20.04-arm64.zip
```

待安装完成后,需要将其启动运行,参考命令如下:

```
./bin/emqx start
```

最后,需要对其进行环境配置,参考命令如下:

```
pip3 install -i https://pypi.doubanio.com/simple paho-mqtt
```

然后实现传感器数据的 MQTT 传输。由于 MQTT 协议使用的是发布/订阅消息模式,所以在客户端建立与 MQTT 服务器的连接之后,需要将主题与实际信息进行绑定,以保证其他客户端能通过订阅主题收到数据。

首先导入 paho.mqtt 客户端,如下:

```
from paho.mqtt import client as mqtt
```

然后建立客户端1(即发送端)与 MQTT 服务器的连接。定义连接成功回调函数 set_connect,从而判断连接是否成功。

```
def set_connect(client, user_data, flag, rc):
    print("Connected result:"+ str(rc))
if __name__ == '__main__':
    client= mqtt.Client()
    client.set_connect= set_connect
    client.connect('10.0.0.4',1883,600)
```

连接建立成功后,便可开始发送数据。本实验发布主题为 Iot_test(也可更换为其他主题,发布与订阅一致即可),数据在经过发送后不会直接到另外一个客户端,而是会先到达 MQTT 服务器,需要该数据的客户端只需要订阅该主题即可获取数据。发布 Topic 的代码如下所示:

```
client.publish('Iot_test', msg)
```

在初步学习了解完 MQTT 发送端程序编写之后,便可尝试进行传感器数据的发送。与 Socket 发送数据类似,只需要将客户端发的消息中的 msg 替换为传感器数据即可。图 4-3 展示了客户端 1(发送端)的发送结果。

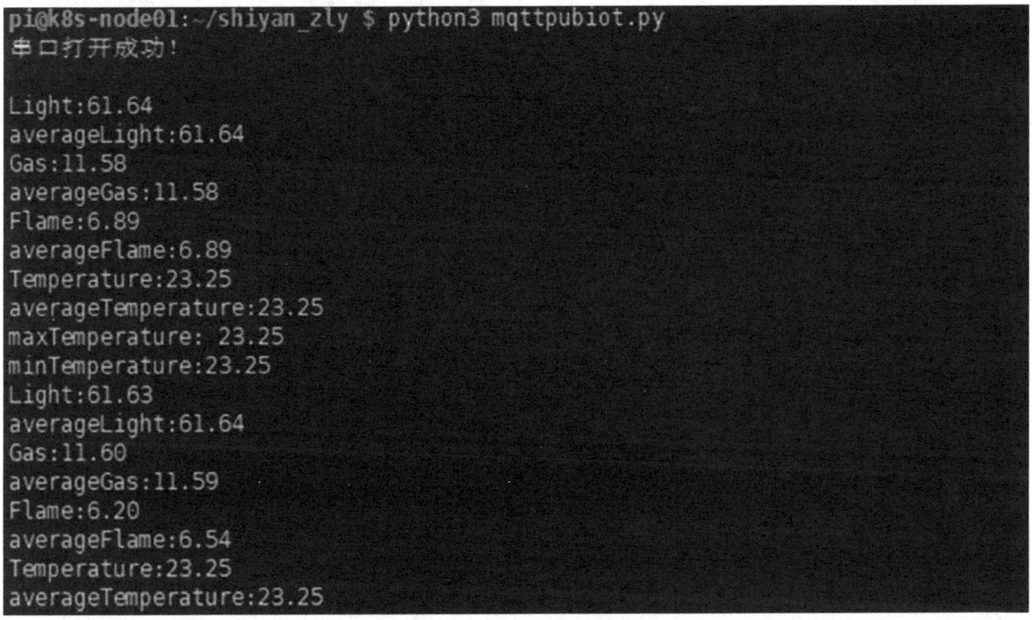

```
pi@k8s-node01:~/shiyan_zly $ python3 mqttpubiot.py
串口打开成功!
Light:61.64
averageLight:61.64
Gas:11.58
averageGas:11.58
Flame:6.89
averageFlame:6.89
Temperature:23.25
averageTemperature:23.25
maxTemperature: 23.25
minTemperature:23.25
Light:61.63
averageLight:61.64
Gas:11.60
averageGas:11.59
Flame:6.20
averageFlame:6.54
Temperature:23.25
averageTemperature:23.25
```

图 4-3 MQTT 客户端发送信息

在发送端将传感器数据发送到 MQTT 服务器之后,客户端 2(接收端)便可对传感器数据进行接收。同发送端类似,接收端首先需要建立与 MQTT 服务器的连接,但接受端需要定义消息接收回调函数。该函数可以返回订阅到的信息并指定信息的输出格式。

如下所示,需定义回调函数,并在主函数指定消息进行调用。

```
def receive_message(client, userdata, msg):
    print(f"Receive `{msg.payload.decode()}` from `{msg.topic}` topic")


if __name__ == '__main__':
    client.receive_message = receive_message
```

最后,在接收端订阅物联网数据 Topic,并持续订阅。

```
    client.subscribe('Iot_test', qos= 0)
    client.loop_forever()
```

图 4-4 展示了客户端 2 即接收端的执行结果。

传感器数据通过 MQTT 协议开始传输后,使用 Linux 抓包工具 tcpdump 对网络进行抓包分析,可以看到 MQTT 通信过程中传输的信息也能够像 Socket 通信一样被准确地抓包分析出,图 4-5 展示了抓包的结果。

```
pi@k8s-master:~/shiyan_zly $ python3 mqttsubiot.py
Connected with result code: 0
Received `Light:61.64` from `Iot_test` topic
Received `averageLight:61.64` from `Iot_test` topic
Received `Gas:11.58` from `Iot_test` topic
Received `averageGas:11.58` from `Iot_test` topic
Received `Flame:6.89` from `Iot_test` topic
Received `averageFlame:6.89` from `Iot_test` topic
Received `Temperature:23.25` from `Iot_test` topic
Received `averageTemperature:23.25` from `Iot_test` topic
Received `maxTemperature:23.25` from `Iot_test` topic
Received `minTemperature:23.25` from `Iot_test` topic
Received `Light:61.63` from `Iot_test` topic
Received `averageLight:61.64` from `Iot_test` topic
Received `Gas:11.60` from `Iot_test` topic
Received `averageGas:11.59` from `Iot_test` topic
Received `Flame:6.20` from `Iot_test` topic
Received `averageFlame:6.54` from `Iot_test` topic
Received `Temperature:23.25` from `Iot_test` topic
Received `averageTemperature:23.25` from `Iot_test` topic
Received `maxTemperature:23.25` from `Iot_test` topic
```

图 4-4　接收端执行结果

```
15:27:38.491547 IP (tos 0x0, ttl 64, id 1619, offset 0, flags [DF], proto TCP (6), length 152)
    192.168.3.132.1883 > 192.168.3.41.60311: Flags [P.], cksum 0x0665 (correct), seq 192:292, ack 30, win 509, option
        0x0000:  e84e 0694 d1db 08be ac2a c9ca 0800 4500  .N.......*....E.
        0x0010:  0098 0653 4000 4006 ac0f c0a8 0384 c0a8  ...S@.@.........
        0x0020:  0329 075b eb97 e562 32c1 997c 9b3b 8018  .).[...b2..|.;..
        0x0030:  01fd 0665 0000 0101 080a 5ffc efb1 be38  ...e......_....8
        0x0040:  5bc4 3022 0008 496f 745f 7465 7374 6176  [.0"..Iot_testav
        0x0050:  6572 6167 6554 656d 7065 7261 7475 7265  erageTemperature
        0x0060:  3a32 332e 3235 301e 0008 496f 745f 7465  :23.250...Iot_te
        0x0070:  7374 6d61 7854 656d 7065 7261 7475 7265  stmaxTemperature
        0x0080:  3a32 332e 3235 301e 0008 496f 745f 7465  :23.250...Iot_te
        0x0090:  7374 6d69 6e54 656d 7065 7261 7475 7265  stminTemperature
        0x00a0:  3a32 332e 3235                           :23.25
15:27:38.491724 IP (tos 0x0, ttl 64, id 30623, offset 0, flags [DF], proto TCP (6), length 52)
    192.168.3.41.60311 > 192.168.3.132.1883: Flags [.], cksum 0x3c92 (correct), seq 30, ack 192, win 502, options [no
        0x0000:  08be ac2a c9ca e84e 0694 d1db 0800 4500  ...*...N......E.
        0x0010:  0034 779f 4000 4006 3b27 c0a8 0329 c0a8  .4w.@.@.;'...)..
        0x0020:  0384 eb97 075b 997c 9b3b e562 32c1 8010  .....[.|.;.b2...
        0x0030:  01f6 3c92 0000 0101 080a be38 6284 5ffc  ..<........8b._.
        0x0040:  efae                                     ..
15:27:38.495958 IP (tos 0x0, ttl 64, id 30624, offset 0, flags [DF], proto TCP (6), length 52)
    192.168.3.41.60311 > 192.168.3.132.1883: Flags [.], cksum 0x3c28 (correct), seq 30, ack 292, win 502, options [no
        0x0000:  08be ac2a c9ca e84e 0694 d1db 0800 4500  ...*...N......E.
        0x0010:  0034 77a0 4000 4006 3b26 c0a8 0329 c0a8  .4w.@.@.;&...)..
        0x0020:  0384 eb97 075b 997c 9b3b e562 3325 8010  .....[.|.;.b3%..
        0x0030:  01f6 3c28 0000 0101 080a be38 6287 5ffc  ..<(.......8b._.
        0x0040:  efb1                                     ..
15:27:49.340065 IP (tos 0x0, ttl 64, id 50515, offset 0, flags [DF], proto TCP (6), length 75)
    192.168.3.42.46539 > 192.168.3.132.1883: Flags [P.], cksum 0x0387 (correct), seq 297:320, ack 5, win 502, options
        0x0000:  08be ac2a c9ca e84e 0696 15b3 0800 4500  ...*...N......E.
        0x0010:  004b c553 4000 4006 ed5a c0a8 032a c0a8  .K.S@.@..Z...*..
        0x0020:  0384 b5cb 075b 477e 09c8 3770 86a2 8018  .....[G~..7p....
        0x0030:  01f6 0387 0000 0101 080a 992f 63dc 8b92  .........../c...
        0x0040:  feca 3015 0008 496f 745f 7465 7374 4c69  ..0...Iot_testLi
        0x0050:  6768 743a 3631 2e36 33                   ght:61.63
15:27:49.340134 IP (tos 0x0, ttl 64, id 33468, offset 0, flags [DF], proto TCP (6), length 52)
    192.168.3.132.1883 > 192.168.3.42.46539: Flags [.], cksum 0x6e5f (correct), seq 5, ack 320, win 509, options [nop
        0x0000:  e84e 0696 15b3 08be ac2a c9ca 0800 4500  .N.......*....E.
        0x0010:  0034 82bc 4000 4006 3009 c0a8 0384 c0a8  .4..@.@.0.......
        0x0020:  032a 075b b5cb 3770 86a2 477e 09df 8010  .*.[..7p..G~....
        0x0030:  01fd 6e5f 0000 0101 080a 8b93 292c 992f  ..n_........),./
        0x0040:  63dc                                     c.
15:27:49.341122 IP (tos 0x0, ttl 64, id 1620, offset 0, flags [DF], proto TCP (6), length 75)
    192.168.3.132.1883 > 192.168.3.41.60311: Flags [P.], cksum 0x7c67 (correct), seq 292:315, ack 30, win 509, option
        0x0000:  e84e 0694 d1db 08be ac2a c9ca 0800 4500  .N.......*....E.
        0x0010:  004b 0654 4000 4006 ac5b c0a8 0384 c0a8  .K.T@.@..[......
        0x0020:  0329 075b eb97 e562 3325 997c 9b3b 8018  .).[...b3%.|.;..
        0x0030:  01fd 7c67 0000 0101 080a 5ffd 1a12 be38  ..|g......_....8
        0x0040:  6287 3015 0008 496f 745f 7465 7374 4c69  b.0...Iot_testLi
        0x0050:  6768 743a 3631 2e36 33                   ght:61.63
```

图 4-5　MQTT 抓包结果

4.2 容器技术

容器的历史可以追溯到 20 世纪 70 年代的 UNIX 操作系统。UNIX 操作系统引入了 Chroot 系统调用,允许将进程限制在一个特定的目录中,创建了一种隔离的环境。这种隔离环境可以在同一台机器上运行多个进程,每个进程都有自己的文件系统和资源,这便是容器技术的前身。

然而,容器的概念真正引起广泛关注是在 2013 年,Docker 公司发布了 Docker 容器平台。Docker 通过使用 Linux 内核的特性,如命名空间和控制组,实现了更高级别的容器化技术。Docker 的出现极大地简化了容器的使用和管理,使得容器技术变得更加流行和普及。容器技术的轻量级和高效资源利用使其成为资源受限设备的理想选择,快速部署和扩展的特性使其在及时响应事件的场景中表现卓越。容器的跨平台和一致性优势简化了物联网系统的开发和部署,随后其与微服务架构的结合也进一步提高了系统的灵活性和可维护性。此外,容器技术的安全隔离性也有助于应对物联网环境中的安全挑战。

随着容器技术的发展,容器生态系统不断发展壮大。除了 Docker 之外,还出现了许多容器管理平台,如 Kubernetes、Mesos 和 OpenShift 等。这些平台提供了更高级的容器编排和管理功能,使容器在大规模部署和管理方面更加强大与灵活。

4.2.1 容器技术发展历史

虚拟化技术的概念可以追溯到 20 世纪 60 年代。它允许在一台物理计算机上运行多个虚拟的操作系统实例,每个实例被称为一个虚拟机(Virtual Machine,VM)。这使得在同一硬件上运行不同的应用程序和操作系统成为可能。然而,虚拟机技术存在一些缺点,其中之一便是资源占用较高。每个虚拟机都需要独立的操作系统和完整的系统资源,这导致了较大的性能开销[29]。此外,虚拟机的启动时间也相对较长。

对于物联网来说,资源效率至关重要。虚拟机由于其较大的资源占用和启动时间,不适合在资源有限的 IoT 设备上运行。而容器技术则更加轻量,能够更好地适应 IoT 设备的资源约束,提供更高的效率和灵活性。

近年,随着云计算的高速发展,越来越多的企业开始采用容器作为新的 IT 基础设施。如果我们回顾历史,容器早在 20 世纪 70 年代末就已出现雏形。容器技术的演进始于 Chroot 和 FreeBSD Jails,随后 Solaris Containers 和 Linux Containers(LXC)为操作系统级别的虚拟化奠定了基础。然而,真正引爆容器热潮的是 Docker 的问世,它通过简化容器的创建和管理使其变得流行且易用。随后,Kubernetes 的开源推动了容器编排和管理的发展,成为容器生态的事实标准。自此以后,容器技术持续演进,形成了一个庞大而活跃的生态系统,为软件开发、部署和管理提供了更加灵活和高效与解决方案。

4.2.2 容器技术架构特点

容器仅包含应用运行所需的文件,管理容器就是管理应用本身。容器具有极其轻量、秒级部署、易于移植、敏捷弹性伸缩等优势,并提供了进程级隔离。作为云原生的核心技术,容器技术已成为云原生应用架构中不可或缺的组件。

2013年推出的Docker突破性地解决了容器标准化与可移植性问题,成为当前最流行的开源容器引擎。如图4-6所示,Docker应用是一种C/S架构,包括3个部分。

(1)Docker Client:Docker的应用/管理员,通过相应的Docker命令以HTTP连接或REST API调用等方式和Docker守护程序(Docker Daemon)实现Docker服务的使用与管理。

(2)Docker Host:为运行各种Docker提供容器服务。其中Docker Daemon负责监听Client的请求并管理Docker对象(容器、镜像、网络、磁盘等);Docker Image提供容器运行所需的所有文件;Linux内核中的Namespace负责容器的资源隔离,而Cgroup负责管理每个容器的资源限制。

(3)Docker Registry:容器镜像仓库,负责Docker镜像存储管理。可以通过docker push/pull命令在镜像仓库上传/下载镜像。

因此,Docker运行时,首先由Client发送docker run命令到Docker Daemon。Docker Daemon从本地或镜像仓库获取Docker镜像,然后通过镜像启动运行容器的实例。

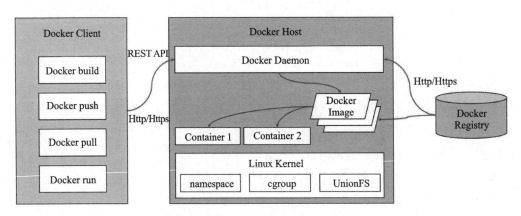

图 4-6 Docker容器应用架构

传统的虚拟化技术,创建环境、部署应用、应用的移植性很繁琐,如不同的虚拟机平台间虚拟机迁移时,需要做镜像格式的转换。有了容器技术以后,可以轻松实现各环境灵活迁移和部署。容器不仅支持企业当前的物联网设备,还增强了企业扩展其物联网环境的能力。通过提供轻量级容器,Docker有效地利用了有限的物联网设备资源,加速了应用的部署和更新过程,确保了应用在不同设备和平台上的一致性。支持微服务架构使得系统更具灵活性和可维护性,而安全性和隔离性则为物联网环境中的安全挑战提供了有效的解决方案。总体而言,Docker 在物联网领域的应用,为物联网系统的发展提供了更加高效、灵活和安全的基础。

4.2.3 Docker 容器的部署使用实验

Docker 作为一种广泛使用的容器技术产品,其架构不仅为容器的创建和运行提供了坚实的基础,同时也在不断演进以满足不断变化的需求。Docker 包含了运行一个应用程序所需要的所有条件:代码、运行时、各种依赖和配置。其中代码、依赖、配置为 Docker 镜像包含的内容,而运行时则负责通过镜像构建容器进行运行。Docker 使用起来简单方便,解决了绝大多数用户需求。其他容器或多或少存在打包不方便、兼容性差等问题。而 Docker 的方案中,不仅打包了本地应用程序,同时将本地环境一起打包,实现本地与服务器的环境完全一致,做到了真正的一次开发随处运行。在我们实验中,InfluxDB 数据库和 MQTT 服务器等应用都已经被容器化。因此,我们更愿意采用将应用进行 Docker 部署。

1) 实验目标

本实验旨在完成 Docker 容器安装,并掌握容器的基本使用方法。

2) 实验步骤

首先需要在 Linux 系统上进行 Docker 容器部署,参考命令如下:

```
sudo apt-get install \
    apt-transport-https \
    ca-certificates \
    curl \
    gnupg2 \
    lsb-release \
    software-properties-common

curl -fsSL https://get.docker.com -o get-docker.sh

sudo sh get-docker.sh
```

随后设置开机启动,参考命令如下:

```
sudo systemctl daemon-reload
sudo systemctl restart docker
```

安装完毕后使用 docker -v 命令测试是否安装成功。如果出现安装的 Docker 版本号,即说明安装成功。接下来将简单介绍 Docker 的基本命令。

查看 Docker 上已经安装的镜像:

```
docker images
```

搜索 Docker hub 上面的镜像:

```
# 以 tomcat 为例
docker search tomcat
```

下载镜像:

```
# 以下载 tomcat 为例
docker pull tomcat[:version]
```

删除镜像:

```
# 以删除 tomcat 为例
docker rmi tomcat[:version]
# 通过镜像 ID 删除
docker rmi -f 镜像 ID
# 通过镜像 ID 删除多个
docker rmi -f 镜像名 1:TAG 镜像名 2:TAG
# 删除全部
docker images -qa :
# 获取所有镜像 ID
docker rmi -f $ (docker images -qa)
```

创建容器:

```
docker run [options] image [command] [arg...]
```

常用参数:

-p:端口映射,格式为 主机(宿主)端口:容器端口

-t:为容器重新分配一个伪输入终端,通常与-i同时使用

-d:后台运行容器,并返回容器 ID

-i:以交互式运行容器,通常与-t同时使用

--name="name":为容器指定一个名称

--expose=[]:开放一个端口或一组端口,宿主机使用随机端口映射到开放的端口

实例:

```
docker run - - name mynginx - d nginx:latest
```

映射多个端口:

```
docker run -p 80:80/tcp -p 90:90 -v /data:/data -d nginx:latest
```

查看正在运行的 Docker 容器:

```
docker ps
```

常用参数:

-a:显示所有容器,包括当前没有运行的容器

-l:显示最近创建的容器

-n:显示最近创建的 N 个容器

-q:静默模式,只显示容器 ID

--no-trunc:不截断输出

退出容器:
```
# 退出并停止
exit
# 容器不停止退出
ctrl+ P+ Q
```
启动容器:
```
docker start 容器 ID 或容器 name
```
重启容器:
```
docker restart 容器 ID 或容器 name
```
停止容器:
```
docker stop 容器 ID 或容器 name
```
强制停止容器:
```
docker kill 容器 ID 或容器 name
```
删除容器:
```
# 删除已经停止的容器
docker rm 容器 ID 或容器 name
# 强制删除已经停止或正在运行的容器
docker rm -f  容器 ID 或容器 name
# 一次性删除所有正在运行的容器
docker rm -f $ (docker ps -qa)
```

4.3 K3s

随着越来越多的开发者采用容器化技术来部署应用程序,快速增长的容器为容器的编排和调度带来了困难。为了应对这一挑战,容器编排调度平台 Kaberhetes(K8s)以及其轻量级发行版(K3s)应运而生。

4.3.1 K3s 技术发展历史

Kubernetes 是 Google 开源的容器集群管理系统,是一个用于自动部署、扩展和管理容器化应用程序的开源平台[30]。K3s 则是一个由 Rancher Labs 公司开发的轻量级 Kubernetes(K8s)发行版。K3s 易于安装,仅需要 Kubernetes 内存的一半,所有组件都在一个小于 100MB 的二进制文件中,因而主要面向资源受限的环境[31]。K3s 的发展可以看作是对

Kubernetes 的精简和优化。它通过去除 Kubernetes 中的一些复杂组件和依赖，精简了系统的架构和功能集，从而降低了资源消耗和复杂性。同时，它还针对一些特定的应用场景和需求进行了优化，如资源有限的环境或对简单易用性有较高要求的场景。通过从 Kubernetes 发展到 K3s，用户可以获得一种更加轻量级、易于使用和高效的容器编排解决方案。K3s 的简化和优化使得它特别适合于资源受限的环境或需要快速部署和管理容器的场景（如物联网）[32,33]。同时，K3s 的兼容性也保证了现有的 Kubernetes 用户可以无缝迁移到 K3s，而不需要重新配置或重新学习新的工具。

4.3.2　K3s 技术架构特点

K3s 是一个开源的容器编排平台，用于自动化部署、扩展和管理容器化应用程序。K3s 简化容器化应用程序的部署和管理，提供一个可靠且强大的平台，支持容器在多个主机上的部署、自动伸缩、负载均衡、自愈和版本控制等功能。它由 Google 开发并于 2014 年开源，现在由云原生计算基金会（Cloud Native Computing Foundation，CNCF）维护。专为边缘计算、IoT 设备等资源受限的环境而设计[34]。

K3s 二进制文件是一个自给自足的封装实体，包含了 Kubernetes 集群的关键组件，包括 API server、scheduler 和 controller。默认情况下，每个 K3s 的安装都包括控制平面、kubelet 和 containerd 运行时，以保证 Kubernetes 的基本功能。当然，也可以添加其他组件，如用于部署专用 Worker 节点来调度和管理 Pod 生命周期的 kubelet agent 和 containerd 组件。

与传统的 Kubernetes 集群相比，K3s 中的 Master 节点和 Worker 节点没有明显的区别，用户可以在任何节点上调度和管理 Pod。所以，Master 节点和 Worker 节点的命名方式不适用于 K3s 集群。

在 K3s 集群中，将运行控制平面组件与 kubelet 的节点称为 Server，而只运行 kubelet 的节点称为 Agent。Server 和 Agent 都有容器运行时和一个 kube proxy，管理整个集群的 tunnel 和网络流量。以下是 K3sServer 和 Agent 的架构图如图 4-7 所示。

在 K3s 中，开发者去除了 Kubernetes 的很多可选组件，这些组件对于运行一个最低限度的集群来说并不重要。此外，K3s 增加了一些必要的元素，包括 containerd、Flannel、CoreDNS、CNI、Traefik ingress controller、本地存储程序、一个嵌入式服务负载均衡器和一个集成的网络策略 controller。所有这些组件都被打包成一个二进制文件，并在同一个进程中运行。除此之外，该发行版还支持开箱即用的 Helm chart。

另一个关键的区别是集群状态的管理方式。Kubernetes 依靠分布式键值数据库 etcd 来存储整个集群的状态。K3s 用名为 SQLite 的轻量级数据库取代了 etcd，SQLite 是一个成熟的嵌入式场景数据库，常用于移动应用的状态存储。

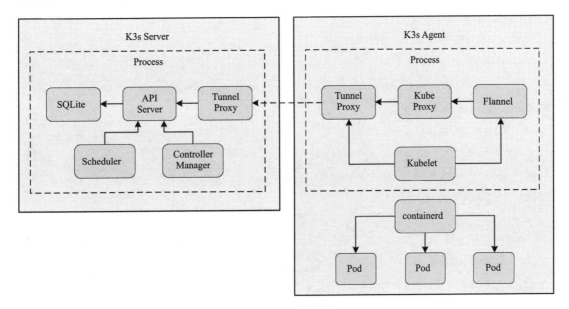

图 4-7　K3s 架构图

4.3.3　K3s 的部署与使用实验

1）实验目标

由于 Kubernetes 对机器的最低运行要求比较高，各个节点的内存配置最少需要 2GB。对于树莓派来讲，它性能方面不是很突出，不少节点在运行 Kubernetes 时会出现启动失败，不断进行重新启动代理的问题，导致整个集群无法正常运作。因此，在本实验中，我们选取安装轻量级的 Kubernetes，即 K3s。本实验旨在完成 K3s 的安装，并掌握使用 K3s 组建和管理集群的方法。

2）实验内容

在 Linux 系统上进行 Kubernetes 的轻量级应用 K3s 的部署使用。

参考示例命令。

(1) 关闭 swap 分区。

① 永久关闭：

```
sudo sed -ri 's/.* swap.* /# &/' /etc/fstab
```

② 暂时关闭：

```
sudo swapoff -a
```

③ 对于树莓派原生操作应该没有单独的 swap 分区，上述两种操作可能在重启后还是无法关闭 swap 分区，故采用第三种方法（开机自动执行）。

```
sudo vim /etc/rc.local
```
在文件 exit 0 之前添加
```
sudo swapoff -a
```

用 free -m 查看 swap 分区是否关闭,并配置 iptables 参数,使得流经网桥的流量也经过 iptables/netfilter 防火墙

```
sudo tee /etc/sysctl.d/k8s.conf <<-'EOF'
net.bridge.bridge-nf-call-ip6tables = 1
net.bridge.bridge-nf-call-iptables = 1
EOF

sudo sysctl --system
```

(2)配置 Docker:
```
sudo vi /etc/docker/daemon.json
```
输入以下内容:
```
{
  "registry-mirrors": [
  "https://dockerhub.azk8s.cn",
  "https://reg-mirror.qiniu.com",
  "https://quay-mirror.qiniu.com"
  ],
  "exec-opts": [ "native.cgroupdriver= systemd" ]
}
```

保存后重启 Docker:
```
sudo systemctl daemon-reload
sudo systemctl restart docker
```

(3)防止 Docker 修改 iptables:
```
sudo vim /etc/docker/daemon.json
```
将如下内容加入文件中:
```
{
    "iptables": false
}
```

(4)开启 memory 的 cgroup 功能:
```
sudo vim /boot/cmdline.txt
```
在打开文本行的末尾添加此文本,但不要创建任何新行:
```
cgroup_enable= memory
```
重启:
```
sudo reboot
```

(5)修改主机名称：

```
sudo hostnamectl set-hostname k8s-node01(主机名称或者工作结点名称)
```

安装 K3s 的 Server 节点。先将 Agent 节点的 IP 和主机名称加入到 Server 的/etc/hosts 文件中(本地组网情况下 IP 请填写组网 IP)：

```
# 文本最后添加(以实际配置 IP 和节点为主)
10.0.0.2 k8s- node01
10.0.0.3 k8s- node02
10.0.0.1 k8s- master01
```

执行安装命令：

```
curl -sfL http://rancher-mirror.cnrancher.com/k3s/k3s-install.sh | INSTALL_K3S_MIR-
ROR= cn sh -
```

卸载命令：

```
/usr/local/bin/k3s-uninstall.sh
```

查看集群的加入令牌：

```
sudo cat /var/lib/rancher/k3s/server/node-token
```

(6)Agent 节点加入 K3s 集群(需要连接互联网才能执行)：

```
curl -sfL http://rancher-mirror.cnrancher.com/k3s/k3s-install.sh | INSTALL_K3S_MIR-
ROR= cn K3S_URL= https://myserver(server IP):6443 K3S_TOKEN= mynodetoken(加入令牌)
sh -

# 安装完成后用 systemctl status k3s-agent 查看运行状态,如果等了几分钟后还是未启动成功建议
卸载重新安装
# 卸载命令
/usr/local/bin/k3s-agent-uninstall.sh
```

上述操作都需要在联网的环境下进行,在后续采取本地组网的情况下,树莓派将不会再连接互联网。因此我们需要手动为 Agent 节点添加到 Serve 的默认路由,否则会导致错误(不采用组网方式请略过)。

```
# 执行开机执行添加默认路由
sudo vim /etc/rc.local
# 在文件 exit 0 之前添加
sudo route add default gw 10.0.0.3(mater 组网 IP)
```

(7)验证搭建成功：

```
# server 节点执行
sudo kubectl get nodes
```

(8)优化前期工作。现在我们已经拥有了 Docker,我们可尝试将前期的部署都实现容器化部署(如 MQTT 服务器容器化部署等)。

4.4 数据库

物联网应用层中的数据库像是一个巨大的信息仓库,它负责收集、存储和管理从各种传感器和设备收集的数据[35]。这些数据可能包括温度、湿度、风速等环境数据,也可能包括视频、音频等多媒体数据,甚至还可能包括与用户交互的信息。数据库不仅提供了一个用于存储这些数据的平台,还能对这些数据进行处理,包括查询、分析和挖掘等操作。此外,数据库还负责处理数据的安全性问题,例如,通过加密技术保护数据不被未经授权的用户访问。在物联网中,很多应用都需要实时的数据支持,数据库能够实时集成这些庞大的数据,从而支持这些实时应用。总的来说,数据库在物联网应用层中起着关键的角色,它使得我们能够有效地存储、管理和利用大量的数据,从而推动物联网的发展。

4.4.1 物联网数据库历史

物联网数据库的发展历史可以追溯到 1995 年,当时比尔盖茨在《未来之路》一书中首次提及物联网概念。然而,由于无线网络、硬件及传感设备的发展受限,这个概念并未引起世人的重视。直到 2011 年,物联网数据库的发展才真正开始,当时在国家"863"计划课题中,清华大学开始在三一重工等企业实践海量机器数据管理解决方案。这个阶段,物联网的数据主要是通过传感器采集,经过解析和清洗,以结构化的格式进行存储。在数据量不大的情况下,用 MySQL 等关系数据库可以满足需求。

然而,随着物联网市场的发展,在大数据的背景下,关系型数据库的问题也显现出来,存储成本大、维护成本高、写入吞吐低、查询性能差以及数据类型表达能力差致使关系型数据库已经无法满足大量物联网数据的存储需求[36]。为此,时序数据库应运而生。时序数据库在 2016 年以后逐渐火了起来。2016 年 7 月,百度云在其天工物联网平台上发布了国内首个多租户的分布式时序数据库产品 TSDB(Time Series Database);2017 年 2 月 Facebook 开源了 Beringei 时序数据库;2017 年 4 月基于 PostgreSQL 也开源了其打造的时序数据库 TimeScaleDB。Apache IoTDB 和 Apache Hadoop、Spark 和 Flink 等进行了深度集成,以满足工业物联网领域的海量数据存储、高速数据读取和复杂数据分析需求。

InfluxDB 是一个由 InfluxData 开发的开源时序型数据库,专注于海量时序数据的高性能读、高性能写、高效存储和实时分析[37]。它由 Go 语言编写,被广泛应用于存储系统的监控数据、IoT 行业的实时数据等场景[38]。InfluxDB 在 DB-Engines Ranking 时序型数据库排行榜上排名第一,并且包括用于存储和查询数据,在后台处理 ETL(Extract/Transform/Load,即抽取/转换/加载)或监视和警报目的,用户仪表板以及可视化和探索数据等的 API。这使得 InfluxDB 成为物联网领域中数据库的一个重要选择。

针对不同的场景,物联网项目中会采用不同的数据库,如时间序列数据库是广泛应用于物联网设备监控系统、企业能源管理系统、生产安全监控系统、电力检测系统等行业场景的专业数据库产品。这类数据库提供百万高效写入、高压缩比、低成本存储、预降采样、插值、多维聚合计算和查询结果可视化功能等。这样可以解决由于设备采集点数量巨大、数据采集频率高、造成的存储成本高、写入和查询分析效率低的问题。总的来说，物联网数据库的选择取决于具体的应用场景和数据需求。

4.4.2 InfluxDB 数据库安装部署

1）实验目标

本实验旨在 Linux 系统上安装部署 InfulxDB 数据库，并学会分别用 shell 命令形式和程序形式操作 InfluxDB 数据库。

2）实验步骤

(1) 安装部署 InfluxDB 数据库（下载地址：https://gitee.com/zeng-deze/one-student-one-system/releases/tag/influxDB)

参考部署命令：

```
wget https://dl.influxdata.com/influxdb/releases/influxdb_1.8.10_amd64.deb
sudo dpkg -i influxdb_1.8.10_amd64.deb
```

启动 InfluxDB：

```
systemctl start influxdb # 启动 InfluxDB
systemctl status influxdb # 查看状态
systemctl enable influxdb # 开启开机启动
```

前往安装目录，此时可以在 shell 中键入 Influx 关键词进入 InfluxDB 的命令行。

(2) shell 形式操作 InfluxDB 数据库。

如前面数据库介绍的那样，InfluxDB 数据库和我们常用的 MySQL 数据库使用方法十分类似，在进入 InfluxDB 数据库后，可以使用类 SQL 语句进行数据库相关操作，包括创建、删除数据库和表、增加数据记录等。下面我们介绍 InfluxDB 数据库的基础操作。

数据库与表的操作：

```
# 创建数据库
create database "name"

# 显示所有的数据库
show databases

# 删除数据库
drop database "name"
```

```
# 使用数据库
use name

# 显示该数据库中所有的表
show name

# 创建表,直接在插入数据的时候指定表名
insert test, host= 127.0.0.1, monitor_name= test count= 1

# 删除表
drop table "table_name"
```
增
```
> use test
Using database test
>  insert test, host= 127.0.0.1,monitor_name= test count= 1
```
删
```
> use test
Using database test
> select *  from test order by time desc
```

注：InfluxDB 没有删除和修改操作,且具有相同 tag 的数据会被覆盖。

3)程序形式操作 InfluxDB 数据库

在实验步骤(2)中我们使用传统的 shell 命令操作 InfluxDB 数据库,但在更多的场景中如物联网环境,由于数据量较大且实时更新,采用人工手动操作显示是不实际的,因此,以程序操纵数据库进行数据记录写入等相关操作更加高效且便利。与操作一般服务器类似,操作数据库首先需要建立连接。在连接建立过程中,我们需要指明 IP 地址、端口号、用户名、密码和将要操作的数据库。当数据库不存在时,需要创建所需数据库。注意当数据库存在时,创建数据库语句并不会覆盖原始存在的数据。

```
from influxdb import InfluxDBClient
client =  InfluxDBClient('IP 地址', 8086(端口), 'root', 'root', 'example')
client.create_database('example')
```

在数据存入数据库时,数据都是以键值对的形式存入的,因此我们需要一种数据格式来进行数据交换。通过调研,现在主流的数据格式主要是 JSON,JSON 全称 JavaScript Object Notation,是用于将结构化数据表示为 JavaScript(一种具有函数优先的轻量级,解释型或即时编译型的编程语言)对象的标准格式。JSON 数据格式比较简单,易于读写,采用完全独立于编程语言的文本格式来存储和表示数据且 JSON 格式能够直接为服务器端代码使用。因此,我们可以将传感器数据以变量的形式写入 JSON,在收集到一组完整的传感器数据之后,将 JSON 数据写入 InfluxDB 数据库,从而实现传感器数据保存。基础 JSON 格式被指定为如下形式。

```
json_body = [
    {
        "measurement": "iotdata",# 指定表项
        "tags": {
            "host": "server01",
            "region": "us-west"
            "tag":"标志
        },
        "time": time,
        "fields": {
            "value":12
        }
    }
```

JSON 数据格式设计完成之后,我们就可以往 InfluxDB 数据库中写入数据:

```
client.write_points(json_body)
```

4.4.3 传感器数据保存

1)实验目标

在 4.3.2 节中完成了基本数据的写入,接下来我们将实现传感器数据的写入。先定义合适的 JSON 数据格式。本次实验收集到的传感器数据包括实时温度、最高温度、最低温度、当前阶段已知温度的平均温度;气体浓度、平均气体浓度;光照强度、平均光照强度;火焰值、平均火焰值。因此,JSON 数据表可以设计为以下格式:

```
json_body = [
    {
        "measurement": "iotdata",# 指定表项
        "tags": {
            "host": "server01",
            "region": "us-west"
            "tag":time
        },
        "time": time,
        "fields": {
            "Gas":Gas,
            "averageGas":averageGas,
            "Light":Light,
            "averageLight":averageLight,
```

```
            "Flame":Flame,
            "averageFlame":averageFlame,
            "Temperature": Temperature ,
            "maxTemperature":maxTemperature,
            "minTemperature":minTemperature,
            "averageTemperature":averageTemperature


        }
    }
]
```

只需要在 MQTT 接收端对接收到的数据进行数据处理,将数据一一对应赋值给 JSON,然后执行写入操作就可以成功将传感器数据写入 InfluxDB 数据库。

2)实验效果图

通过 shell 命令对写入的数据库执行查询操作,可以在 InfluxDB 数据库中找到我们写入的传感器数据记录。由此,针对 InfluxDB 数据库的简单读写操作成功完成(图 4-8)。

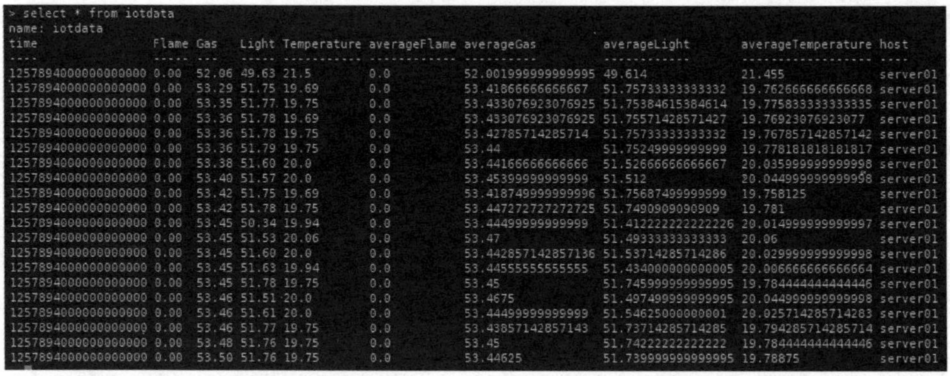

```
> select * from iotdata
name: iotdata
time                Flame Gas   Light Temperature averageFlame averageGas         averageLight       averageTemperature host
----                ----- ---   ----- ----------- ------------ ----------         ------------       ------------------ ----
1257894000000000000 0.00  52.06 49.63 21.5        0.0          52.001999999999995 49.614             21.455             server01
1257894000000000000 0.00  53.29 51.75 19.69       0.0          53.41866666666667  51.75733333333332  19.762666666666668 server01
1257894000000000000 0.00  53.35 51.77 19.75       0.0          53.433076923076925 51.75384615384614  19.775833333333335 server01
1257894000000000000 0.00  53.36 51.78 19.69       0.0          53.433076923076925 51.75571428571427  19.76923076923077  server01
1257894000000000000 0.00  53.36 51.78 19.75       0.0          53.42785714285714  51.75733333333332  19.767857142857142 server01
1257894000000000000 0.00  53.36 51.79 19.75       0.0          53.44              51.75249999999999  19.778181818181817 server01
1257894000000000000 0.00  53.38 51.60 20.0        0.0          53.44166666666666  51.52666666666667  20.035999999999998 server01
1257894000000000000 0.00  53.40 51.57 20.0        0.0          53.45399999999999  51.512             20.044999999999998 server01
1257894000000000000 0.00  53.42 51.75 19.69       0.0          53.418749999999996 51.75687499999999  19.758125          server01
1257894000000000000 0.00  53.42 51.78 19.75       0.0          53.447272727272725 51.7490909090909   19.781             server01
1257894000000000000 0.00  53.45 50.34 19.94       0.0          53.44499999999999  51.412222222222226 20.014999999999997 server01
1257894000000000000 0.00  53.45 51.53 20.06       0.0          53.47              51.49333333333333  20.06              server01
1257894000000000000 0.00  53.45 51.60 20.0        0.0          53.442857142857136 51.53714285714286  20.029999999999998 server01
1257894000000000000 0.00  53.45 51.63 19.94       0.0          53.44555555555555  51.434000000000005 20.006666666666664 server01
1257894000000000000 0.00  53.45 51.78 19.75       0.0          53.45              51.745999999999995 19.784444444444446 server01
1257894000000000000 0.00  53.46 51.51 20.0        0.0          53.4675            51.497499999999995 20.044999999999998 server01
1257894000000000000 0.00  53.46 51.61 20.0        0.0          53.44499999999999  51.54625000000001  20.025714285714283 server01
1257894000000000000 0.00  53.46 51.77 19.75       0.0          53.43857142857143  51.73714285714285  19.794285714285714 server01
1257894000000000000 0.00  53.48 51.76 19.75       0.0          53.45              51.74222222222222  19.784444444444446 server01
1257894000000000000 0.00  53.50 51.76 19.75       0.0          53.44625           51.739999999999995 19.78875           server01
```

图 4-8　查找传感器数据

4.5　数据可视化

数据库是一种用于存储和管理数据的软件系统,它可以按照不同的模型组织数据,例如关系型、文档型、图形型等。数据库的优点是可以高效地查询、更新、删除和分析数据,以及保证数据的一致性、安全性和完整性。然而,由于数据量的增长和复杂性的提高,人们需要一种更直观的方式来理解和利用数据,这就是数据可视化的作用。数据可视化是一种将抽象的数据转化为直观图形的技术,它可以帮助人们发现数据中的模式、趋势、异常和关联,以及提供数据的概览和细节。随着计算机技术的发展,数据可视化可以处理更大、更复杂、更多维的数据,以及实现更丰富、更灵活、更动态的可视化效果。因此,数据库和数据可视化是密切相关的,数据可视化需要从数据库中获取数据,并根据数据的特征和目的选择合适的可视化方法与工具。

4.5.1 数据可视化发展历史

数据可视化是一种将抽象的数据转化为直观图形的技术,它的历史可以追溯到几百年前。在 17 世纪以前,数据可视化主要用于导航、测量和天文学等领域,使用几何图形和符号来表示数据。从 17 世纪到 18 世纪,数据可视化开始引入坐标系、概率论、人口统计学等数学和科学理论,使数据可视化更加精确和系统化。19 世纪到 20 世纪,数据可视化开始涉及更多的社会、经济和医学等领域,使用更多的图形类型和技巧来表达数据的关系与趋势。进入 20 世纪,随着个人计算机的普及,人们开始采用计算机编程的方式实现可视化。桌面操作系统、计算机图形学、图形显示设备、人机交互等技术的发展,激发了人们通过编程实现交互式可视化的热情。进入 21 世纪,随着大数据时代的到来,数据可视化面临着更大的机遇和挑战。大规模的动态化数据要依靠更有效的处理算法和表达形式才能够传达出有价值的信息。

物联网数据可视化是物联网领域的一个重要应用,它可以将物联网设备产生的数据进行可视化展示,帮助用户更好地理解和分析数据。随着物联网技术的不断发展,物联网数据可视化也得到了广泛的应用。目前,市面上已经有很多物联网数据可视化的解决方案,例如百度智能云的物联网数据可视化 IOTVIZ。IOTVIZ 提供了丰富的可视化组件,可以帮助用户零编程完成可视化开发,带给用户所见即所得的可视化开发体验。阿里云的物联网平台也提供了历史轨迹工具,可以帮助用户查看设备移动的轨迹。总之,物联网数据可视化是物联网领域的一个重要应用,它可以帮助用户更好地理解和分析数据,提高数据的利用价值。

4.5.2 实验

在获得了传感器数据后,将这些数据以图形化的方式展示出来更有利于提升物联网的价值。在本实验中,我们选择 Grafana 这一开源的数据可视化和监控平台。Grafana 支持多种数据源,包括 InfluxDB。通过 Grafana,我们可以轻松地从 InfluxDB 中获取数据,并生成各种丰富、灵活、动态的可视化效果。这不仅可以帮助我们更好地理解和利用数据,还可以发现数据中的模式、趋势、异常和关联等。

1)实验目标

使用 Grafana 对传感器的数据进行分析,制作针对不同类型数据的表格,将数据可视化的展示出来。本实验旨在 Linux 系统上安装配置 Grafana,并对接 InfluxDB 以实现传感数据的图形化、可视化展示。

2)实验步骤

(1)下载安装 apt-transport-https 软件包。

```
sudo apt-get install -y apt-transport-https
```

(2)apt-key 是管理 Linux 系统中软件包密钥。

sudo apt-get install -y software-properties-common wget

(3)将稳定版 Grafana 添加到源里面。tee 命令是读取标准输入并输出到文件内,-a 属性是添加到既有文件后面而非覆盖。

wget -q -O - https://packages.grafana.com/gpg.key | sudo apt-key add -echo "deb https://packages.grafana.com/oss/deb stable main" | sudo tee -a /etc/apt/sources.list.d/grafana.list

(4)启动服务并验证服务是否已启动。

sudo apt-get update

sudo apt-get install grafana

sudo systemctl daemon-reload

sudo systemctl start grafana-server

sudo systemctl status grafana-server

(5)将 Grafana 服务器配置为在引导时启动。

sudo systemctl enable grafana-server

(6)配置 Grafana。

①登录 Grafana。Grafana 的 UI 管理页面默认监听端口是 3000,第一次登录 Grafana,在浏览器里输入 http://localhost:3000。Grafana 默认登录的管理员账号密码都是:admin。需要修改端口等 Grafana 配置,修改配置文件 server 的相关配置即可。

②添加数据源(图 4-9)。添加 InfluxDB 数据源,更改 URL(图 4-10)。

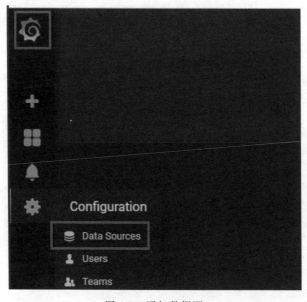

图 4-9 添加数据源

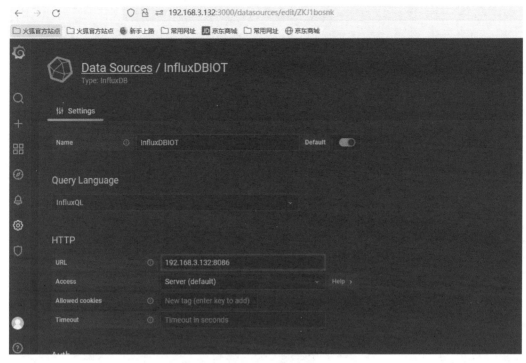

图 4-10　更改 URL

设置完成点击 Save&Test 按钮。

③Dashboard 配置。Grafana 安装后，根据自己需要添加图表，图表有不同的展示形式，可自定义，也可导入需要的仪表盘。Grafana 官方（https://grafana.com/grafana/dashboards）提供了很多各种各样可供导入的图表。感兴趣的读者可以自由尝试，单击标题面板可打开一个菜单框。单击 Edit 选项面板将会打开额外的配置选项（图 4-11）。

图 4-11　Edit 配置选项

添加图表(图4-12)。

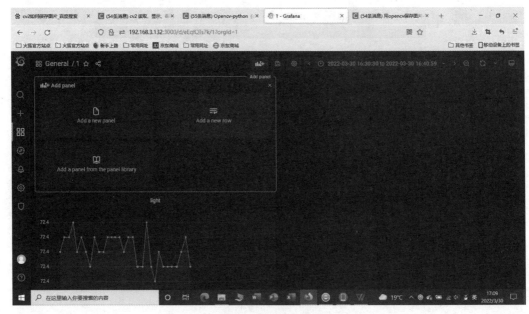

图4-12 添加图表

添加光照图表,展示一天中不同时刻的光照数据(图4-13)。

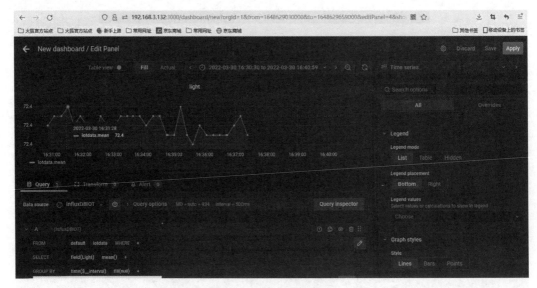

图4-13 添加光照图表

添加温度图表,展示一天中不同时刻的温度情况(图 4-14)。

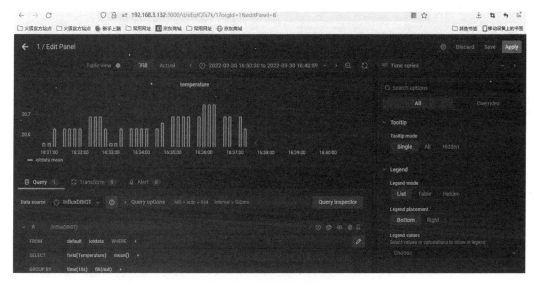

图 4-14　添加温度图表

添加最低温度图表,展示当天最低温度(图 4-15)。

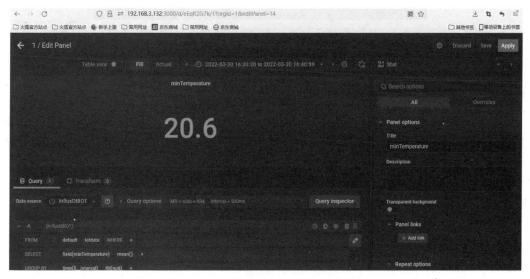

图 4-15　添加最低温度图表

添加最高温度图表,展示当天最高温度(图 4-16)。

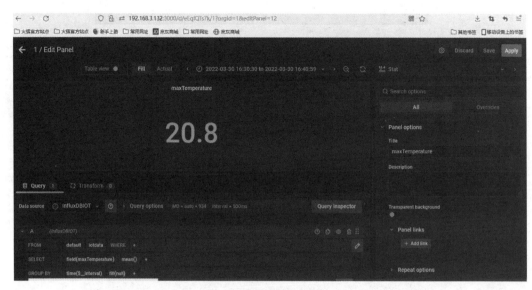

图 4-16　添加最高温度图表

添加平均温度图表,展示当天的平均温度(图 4-17)。

图 4-17　添加平均温度图表

添加平均气体浓度图表,展示一天中不同时刻的平均气体浓度(图 4-18)。

图 4-18　添加平均气体浓度图表

添加火焰图表,展示火焰传感器的数据,监控是否发生火灾(图 4-19)。

图 4-19　添加火焰图表

最后保存(图 4-20)。

图 4-20　保存配置

第 5 章 人脸识别应用

5.1 人脸识别背景

近年来,随着计算机视觉技术、大数据技术、人工智能和机器学习等领域的飞速发展,人脸识别技术在全球范围内呈现出了爆发式的增长[39]。这项技术为人们的工作和生活带来了极大的便利,成为了许多领域的重要工具。例如,在智能安防领域,人脸识别技术可以用于监控和识别潜在的安全威胁;在金融交易领域,人脸识别技术可以用于身份验证和交易安全;在公共交通领域,人脸识别技术可以帮助实现无接触式乘车和疫情防控;在营销零售领域,人脸识别技术可以用于客户分析和精准营销;在智能设备解锁领域,人脸识别技术可以提供更安全、更便捷的解锁方式。

随着物联网技术的不断发展,万物互联的特性为人脸识别技术的应用注入了新的活力。物联网场景下的应用让人脸识别技术的普及和落地更加广泛与深入。例如,在智慧家庭场景中,人脸识别技术可以用于智能门锁和智能摄像头等设备的身份验证;在智慧城市场景中,人脸识别技术可以用于城市安防和智能交通等领域;在智慧医院场景中,人脸识别技术可以用于隔离治疗和用药提醒等领域。总之,物联网的快速发展为人脸识别技术的应用带来了更广阔的发展前景,人脸识别技术也是物联网的重要组成。

5.1.1 人脸识别应用场景

人脸识别技术作为物联网应用层的重要组成部分,其意义不仅体现在技术的先进性上,更在于它为社会各领域带来的深远变革。通过与物联网的紧密结合,人脸识别技术已经成为推动智慧医院、智慧教育、智慧家庭和智慧城市建设的关键力量中使用,通过感知层的摄像头、传感器等设备捕获人脸图像和其他环境数据。这些数据通过通信层传输到云服务器或其他边缘设备,供各种具备人脸识别功能的应用程序进行处理。下面将结合国内外的具体研究实例来展示人脸识别与物联网结合的具体应用。

1) 智慧医院

在智慧医院领域，人脸识别技术的应用极大地提升了医疗服务的质量和效率。通过在医院入口、诊室、药房等关键区域部署摄像头和传感器，医院能够实时监控患者和访客的流动情况，确保医疗资源的合理分配和使用。此外，人脸识别还可以用于患者身份的快速验证，简化挂号、就诊、取药等流程，缩短患者等待时间，提高医疗服务的满意度。在医疗安全方面，人脸识别技术能够有效防止非法人员进入敏感区域，保障医疗环境的安全。同时，通过对医疗人员进行人脸识别，可以实现对医护人员的考勤管理，提高工作效率。

2) 智慧教育

在教育领域，人脸识别技术为校园安全和教学管理带来了新的解决方案。学校可以通过人脸识别系统对进出校园的人员进行身份验证，确保校园安全。在课堂管理方面，人脸识别技术可以用于考勤记录，自动记录学生的出勤情况，减轻教师的工作负担。同时，通过对学生的学习行为进行分析，教师可以更好地了解学生的学习状态，提供个性化的教学支持。

3) 智慧家庭

在智慧家庭领域，人脸识别技术的应用为家庭安全和便捷生活提供了有力保障。家庭中的智能门锁、监控摄像头等设备可以通过人脸识别技术来识别家庭成员和访客，实现自动开锁、安全监控等功能。这不仅提高了家庭的安全性，也为家庭成员提供了极大的便利。如家长可以通过人脸识别技术监控孩子是否按时回家，确保孩子的安全。此外，结合智能家居系统，人脸识别还可以实现个性化服务，如根据家庭成员的偏好自动调整室内温度、照明等环境设置，提升居住体验。

4) 智慧城市

在智慧城市建设中，人脸识别技术发挥着至关重要的作用。通过在城市的关键节点部署人脸识别系统，城市管理者可以实时监控城市安全，有效预防和打击犯罪活动。同时，人脸识别技术还可以用于交通管理，如智能交通信号灯系统可以根据行人流量自动调整信号灯时长，提高交通效率。在公共服务方面，人脸识别技术可以用于快速验证市民身份，简化公共服务流程，如图书馆借阅、公共设施使用等，让市民享受到更加便捷高效的服务。

综上所述，人脸识别技术与物联网的结合为医疗、日常生活、教育和城市建设等领域带来了革命性的改变。它不仅提高了服务效率和安全性，还为人们提供了更加智能化和个性化的生活方式。随着技术的不断进步和应用的不断拓展，人脸识别技术将在未来的物联网时代发挥更加重要的作用。

5.1.2 常用的人脸识别技术

人脸识别算法是包括但不限于上述系统或软件都离不开的核心组件。不论具体执行什么算法，人脸识别算法主要执行以下 3 个任务：①检测图像、视频或实时数据流中的人脸；②

计算人脸的数学模型;③将模型与已有的训练集或数据库中的信息进行对比,从而完成对一个人的识别或验证。

下面具体介绍人脸识别算法中最著名的几种以及它们的关键特性。由于每一种算法都有其特定的优点和局限性,研究人员正积极尝试组合不同的方法并开发全新的技术以进一步增强人脸识别的效率和准确性。

1) 卷积神经网络(Convolutional Neural Networks,CNN)

卷积神经网络是人工神经网络(Artificial Neural Networks,ANN)和人工智能发展的突破之一[40]。CNN 是一个普通的神经网络,带有新的层——卷积层和池化层。CNN 可以有几十个和几百个这样的层,每个层都学会检测不同的成像特征。

2) Fisherfaces

Fisherfaces 算法的主要优势在于其强大的光照和面部表情变化插值与外推能力,能够在复杂的实际环境中提供更精确的识别结果[41]。当与主成分分析(Principal Component Analysis,PCA)方法结合使用进行预处理时,Fisherfaces 算法的准确度可高达93%。

3) 内核方法:PCA 和 SVM(Support Vector Machine)

主成分分析是一种广泛应用于各种实际问题的通用统计方法。这种识别方法具有高效性和准确性,因为 PCA 能够有效地降低输入数据的维度,同时又保留了足够的信息以进行人脸识别。支持向量机(SVM)是一种广泛应用的机器学习算法,使用两组分类原则将人脸与"非人脸"区分开[42]。

4) Haar Cascade

Haar Cascade 是一种基于学习算法的对象检测方法,可应用于图像以定位感兴趣的目标[43]。该算法从大量的正样本和负样本中学习,其中正样本包含了感兴趣的目标对象,而负样本则包含了除目标对象之外的各种内容。

5) 热像仪人脸识别技术

热像仪人脸识别技术是基于人脸独特的温度模式展开的。人类脸部的温度特征可以通过热红外虚部精确测量。这种方法在人脸识别中具有显著的优势,即化妆、胡须、帽子和眼镜等外部因素不会对其准确性产生影响。

6) 自适应神经模糊干扰系统

自适应神经模糊干扰系统(Adaptive Neuro-Fuzzy Inference System,ANFIS)是一种独特的人工神经网络,它将神经网络和模糊逻辑的原理结合在一起,将它们的优点结合在一个单一的结构中[44]。ANFIS 用于在预处理阶段对从数据集中提取的图像特征进行分类。

7) 局部二元模式直方图(LBPH)

在学习阶段,局部二元模式直方图(Local Binary Patterns Histogram,LBPH)算法会为每个标记和分类的图像创建直方图[45]。每个直方图都代表着训练集中的每个图像。这样一来,实际的识别过程就涉及了比较任意两幅图像的直方图。

8）人脸特征学习（FaceNet）

这是一种基于人脸识别基准数据集的人脸识别系统。可用的预训练模型和各种开源的第三方实现使得该系统得到了广泛应用。与早期开发的其他算法相比，FaceNet 在研究调查、测试性能和准确性方面表现了出色的结果。FaceNet 能够准确地提取人脸嵌入，并使用高质量的特征用于后期训练人脸识别系统。

5.2 人脸识别应用架构

在 5.1.1 节中，我们了解了的人脸识别应用的具体实例，也展示了人脸识别技术与物联网技术如何双向赋能，为不同需求的用户提供便捷的服务。下面，我们将结合一个人脸识别应用的具体实例，详细解释人脸识别系统的架构，帮助理解人脸识别应用及相关传感器的工作原理与开发方法。

该应用将基于本书所述物联网系统，我们需要将雷达和摄像头接入树莓派。通过雷达与摄像头相互配合，完成人脸识别任务，其中，由雷达负责检测是否存在人物目标，摄像头负责拍摄人脸，实现对人脸的采集。应用将采用 LBPH 算法进行人脸识别，并按照如下的应用架构实现。读者也可自行尝试其他算法。

如图 5-1 所示，该人脸识别应用架构采用 C/S/D 模式，即由客户端、服务端、数据端 3 个部分组成，每个部分负责特定的功能。其中，客户端承担实时人脸采集和数据预处理两大职责，一般在终端设备处进行，并将处理好的数据转交给服务端。服务端则根据实际应用需求选择应用人脸检测算法，并提取特征交给最后的数据端。最后，数据端将传输来的特征数据与数据库中数据进行对比，做出最终决策。

图 5-1 人脸识别应用通用结构

下面具体介绍人脸识别应用架构的整体流程与每个模块具体所实现的功能。

（1）终端设备：包括摄像头模块和传感器模块，分别负责捕捉人脸图像或视频流和提供额外信息以支持更精准的人脸识别与检测。如 OV7670（VGA 分辨率、低功耗、易于广泛部署），FLIR Lepton 3（用于红外热成像，可以在低功耗条件下实现热图捕捉，适用于一些需要夜视或温度检测的物联网场景）等。终端设备实时收集人脸数据，并将数据传输至数据采集和预处理模块进行数据预处理。

(2)数据采集和预处理:数据采集模块一般基于时间间隔、用户请求或传感器触发等事件的发生开始采集终端数据(如在门禁系统中,人走到门前时可能触发人脸采集)。当采集模块接收到终端设备传输的数据后,再将数据传递给预处理模块。数据预处理模块收到数据后一般会进行以下操作:①图像质量控制,排除模糊、过曝光、欠曝光等低质量图像。②优化图像亮度和对比度。③图像裁剪和对齐。对检测到的人脸区域进行裁剪,以去除多余背景,对齐人脸,确保在不同图像中相同人脸的特征位置对齐。④噪声去除,采用去噪技术,减少图像中的噪声,提高特征提取的准确性。⑤处理可能出现的异常情况,例如图像采集失败、图像质量过差等,确保系统的稳定性。

(3)人脸检测:客户端在数据预处理完毕后,会将处理后的数据交给服务端进行关键的人脸检测。在这一过程,需要选择适当的人脸检测算法,如 Haar 级联检测器、YOLO 等是当前流行的算法,在多种场景和光照条件下都表现良好。该模块将通过合适的人脸检测算法找出对应的人脸坐标、姿态、倾斜角度等信息,并交由特征提取模块进一步分析。

(4)特征提取:使用预训练的深度学习模型进行特征提取,提取人脸的局部特征,如眼睛、鼻子、嘴巴等,以增加识别的稳定性,并且可使用多尺度或多分辨率的特征金字塔以适应不同大小的人脸。然后,对提取的特征进行归一化,以消除光照、姿势等因素的影响。可以采用局部对比度归一化(Local Binary Pattern,LBP)等方法。在实时性要求较高的环境,还可以采用特征降维技术,如主成分分析或线性判别分析(Linear Discriminant Analysis,LDA),以减少特征的维度。该模块将提取稳定的局部特征并交给人脸识别引擎进行对比。

(5)人脸识别引擎:数据端中的特征对比和人脸数据库模块可以统一归纳为人脸识别引擎。当完成特征提取后,人脸识别引擎选择适当的特征匹配算法与人脸数据库信息进行对比识别。为提高识别的准确性,通常采用多模态识别的技术,融合多种模态的信息,如人脸图像、声音、生物特征等,以应对单一模态的不足,确保在人脸数据库中准确匹配提取的人脸特征。常见的匹配算法包括欧氏距离、余弦相似度等。

(6)人脸数据库:人脸数据库中存储了已注册用户的人脸特征向量信息。由于数据量较大,且要进行频繁的查找和对比操作,通常使用数据库索引或哈希表等数据结构,以提高检索速度。此外,考虑到人脸识别引擎的安全性和可扩展性要求,数据库在实际部署中会采用分布式计算技术,并针对对抗攻击实施防护措施,如活体检测和防篡改技术,以提高系统的抗攻击性能。

经过基于以上模块的一系列流程,人脸识别应用将根据用户请求,通过终端设备采集人脸信息,在服务端经过数据预处理和分析对比后,将人脸比对结果返回至前端,满足不同场景的需求。本章中,我们将通过一个实验实例来进一步了解这一过程,加深对人脸识别的理解。

5.3 人脸识别应用实验

5.3.1 实验目标

本实验将基于物联网设备,构建人脸识别应用,实现基本的人脸识别与口罩识别功能。实验将在树莓派上安装 OpenCV,并使用 OpenCV 软件包中附带的 LBPH(Local Binary Pattern Histograms,本地二进制模式直方图)算法进行人脸识别。同时,实验还为树莓派连接摄像头与雷达传感器,通过雷达检测是否有行人存在,当行人存在时才开启摄像头进行人脸捕捉,以降低物联网终端设备的资源和能量开销。

5.3.2 实验步骤

1)安装 OpenCV 依赖项

(1)为了加快后面下载速度,最好先更换为国内源,此处以清华大学维护的源为例。

①打开终端命令窗口。可使用 sudo nano 命令编辑 /etc/apt/sources.list 文件,请在命令行窗口内输入以下命令并回车(亦可使用其他纯文本编辑器,如 vim,emacs 等):

`sudo nano /etc/apt/sources.list`

进入编辑器后注释原本内容,并将下面内容添加到文件中:

`deb http://mirrors.tuna.tsinghua.edu.cn/raspbian/raspbian/ buster main non-free contrib`

`deb-src http://mirrors.tuna.tsinghua.edu.cn/raspbian/raspbian/buster main non-free contrib`

保存并退出编辑器。

②类似,接着编辑文件/etc/apt/sources.list.d/raspi.list:

`sudo nano /etc/apt/sources.list.d/raspi.list`

将文件内容替换成以下内容:

`deb http://mirrors.tuna.tsinghua.edu.cn/raspberrypi/buster main ui`

保存并退出编辑器。通过这样做可以更新 raspi.list 文件中的源地址为清华大学开源软件镜像站提供的地址,以便从该镜像站获取树莓派相关软件的更新和安装包。

③更新系统及源。

`sudo apt-get update && sudo apt-get upgrade`

这个命令会执行两个操作。首先,sudo apt-get update 命令会更新软件包列表,以获取最新的软件包信息。然后,sudo apt-get upgrade 命令会升级已安装的软件包到最新可用版本。

通过运行这个命令,可以确保系统和软件包保持最新状态,并获得安全性和性能上的改进。

(2)切换 Python 版本。

检查是否已安装 Python 3 并进入 Python 交互环境,可以在终端中运行以下命令:

```
python3
```

这将启动 Python 3 交互环境,并显示 Python 版本信息。如果能成功进入 Python 3 交互环境并看到版本信息,则表示已安装 Python 3。

如果系统中没有安装 Python 3,可以按照以下步骤安装。

首先,确保已经卸载了 Python 2 版本,以避免任何冲突。可以使用以下命令卸载 Python 2:

```
Sudo apt-get remove python2
```

其次,可以通过以下命令创建一个符号链接,将 Python3.7 与 python 命令关联起来:

```
sudo ln -s /usr/bin/python3.7 /usr/bin/python
```

这将使 python 命令默认链接到 Python 3.7 版本。此时,可以通过在终端中运行 python-version 命令来验证 Python 版本。

(3)安装开发工具。

```
sudo apt-get install build-essential cmake unzip pkg-config
```

(4)安装图像和视频库、安装 GTK,GUI 后端。

```
sudo apt-get install libjpeg-dev libpng-dev libtiff-dev
sudo apt-get install libavcodec-dev libavformat-dev libswscale-dev libv4l-dev
sudo apt-get install libxvidcore-dev libx264-dev
```

(5)安装免除 GTK 警告的包。

```
sudo apt-get install libcanberra-gtk*
```

(6)下载 OpenCV 和 OpenCV_contrib。

下载 OpenCV 和 OpenCV_contrib。注意:若安装的是 OpenCV-4.3.0,则下载 OpenCV_contrib 时,必须也是 OpenCV_contrib-4.3.0。OpenCV-4.3.0 与 opencv_contrib-4. 的下载链接为:"https://gitee.com/zeng-deze/one-student-one-system/tree/master/第四章 物联网应用层/人脸识别应用"。

将下载的 OpenCV 和 OpenCV_contrib 压缩包传输到树莓派的/home/pi 目录下,并按照以下命令解压压缩包:

```
cd
unzip opencv-4.3.0-openvino-2020.3.0.zip
unzip opencv_contrib-4.3.0.zip
```

通过以下命令将解压所得到的两个文件夹重命名为 OpenCV 和 OpenCV_contrib:

```
mv opencv-4.3.0-openvino-2020.3.0 opencv
mv opencv_contrib-4.3.0 opencv_contrib
```

2)为 OpenCV 配置 Python3 虚拟环境

按照如下步骤及命令进行配置。

(1)安装 pip：

```
wget https://bootstrap.pypa.io/get-pip.py
sudo python3 get-pip.py
```

(2)安装虚拟环境：

```
sudo pip install virtualenv virtualenvwrapper
sudo rm -rf ~/get-pip.py ~/.cache/pip
```

(3)打开~/.profile 文件：

```
sudo nano ~/.profile
```

将以下行添加到~/.profile 中：

```
export WORKON_HOME=/home/pi/.virtualenvs
export VIRTUALENVWRAPPER_PYTHON=/usr/bin/python3
export VIRTUALENVWRAPPER_VIRTUALENV=/usr/local/bin/virtualenv
source /usr/local/bin/virtualenvwrapper.sh
export VIRTUALENVWRAPPER_ENV_BIN_DIR=bin
```

重新加载配置文件：

```
source ~/.profile
```

(4)下载 Numpy：

```
pip install numpy
```

完成上述步骤后，便成功为 OpenCV 配置了 Python 3 虚拟环境，并安装了 Numpy 库。

3)编译 OpenCV

按照如下步骤及命令进行配置。

(1)安装 cmake：

```
Sudo apt-get install cmake
```

(2)进入 OpenCV 目录并创建 build 目录：

```
cd ~/opencv
mkdir build
cd build
```

(3)运行 CMake 来配置 OpenCV 4：

```
cmake -D CMAKE_BUILD_TYPE=RELEASE \
    -D CMAKE_INSTALL_PREFIX=/usr/local \
    -D OPENCV_EXTRA_MODULES_PATH=~/opencv_contrib/modules \
    -D ENABLE_NEON=ON \
    -D ENABLE_VFPV3=ON \
```

```
    -D BUILD_TESTS= OFF \
    -D OPENCV_ENABLE_NONFREE= ON \
    -D INSTALL_PYTHON_EXAMPLES= ON  \
    -D BUILD_EXAMPLES= ON  ..
```

(4)配置成功后开始编译：

```
sudo make -j4
```

注意：如果编译遇到错误导致中止，如出现"fatal error：boostdesc_bgm.i：No such file or directory"错误，可以尝试重新下载所有文件，然后将它们复制到如下目录，再尝试重新编译。

```
opencv_contrib/modules/xfeatures2d/src/
```

(5)安装与检查：

```
sudo make install
```

(6)进入 Python 交互环境：

```
python3
```

(7)导入 cv2 模块并检查是否安装成功：

```
import cv2
```

如果没有错误提示，则说明 OpenCV 安装成功。

(8)检查 opencv_contrib 模块是否安装成功：

```
from cv2 import face
```

如果没有错误提示，则说明 opencv_contrib 安装成功。

(9)使用 Ctrl+D 退出 Python 交互环境。

4)打开摄像头

按照如下步骤及命令进行操作。

(1)打开终端并输入以下命令：

```
sudo raspi-config
```

(2)在菜单中选择"Interface Options" > "Camera"，然后选择 "Yes"，按下 "OK"。

(3)完成后，选择"Finish"，然后重启树莓派(reboot)。

(4)检查是否已安装 luvcview 工具，输入以下命令：

```
which luvcview
```

正常情况会返回"/usr/bin/luvcview"，则表示已安装该工具。如果没有返回任何信息，则需要使用以下命令安装工具：

```
sudo apt-get install luvcview
```

(5)安装完成后，使用以下命令启动 luvcview 工具，并设置采集的分辨率为 1080×720：

```
luvcview -s 1080x720
```

摄像头所采集的图片如图 5-2 所示。

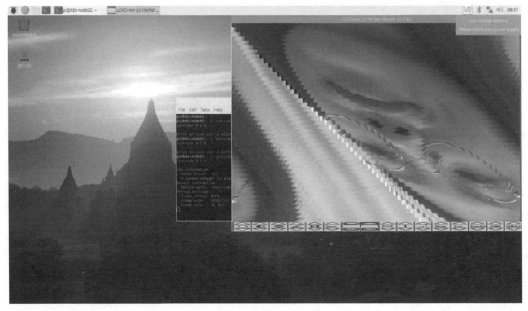

图 5-2 采集图

5)摄像头检测

(1)打开终端并输入以下命令,进入目标文件夹:

```
cd
```

(2)克隆人脸识别项目的代码库,输入以下命令:

```
https://gitee.com/zeng-deze/one-student-one-system.git
```

(3)进入下载的代码库文件夹,输入以下命令:

```
cd Facial_Recognition
```

进行摄像头检测,输入以下命令:

```
python3 simpleCamTest.py
```

若出现两个窗口,一个是彩色的,另一个是灰色的,则表明摄像头正常。如果摄像是倒过来的,则可以之后再进行修改,或者将摄像头倒置也可解决问题。

可在命令行窗口按下[Ctrl]+C 组合键退出。

6)人脸检测

常用的人脸检测的算法有两种,分别为 Harris 角点检测(Harris Corner Detection)局部二值模式和(Local Binary Pattern,LBP)。

基于 Harris 的脸部检测器的基本思想是,通过比较面部不同区域的亮度来确定是否为人脸。例如,眼睛所在区域通常比前额和脸颊更暗,嘴巴通常比脸颊更暗。该检测器通常执行多达 20 次的比较来确定是否检测到了人脸,实际上可能会进行上千次比较。

基于 LBP 的人脸检测器的基本思想与基于 Harris 的检测器类似,但它比较的是像素亮度直方图。它会比较边缘、角落和平坦区域的直方图来确定是否存在人脸。

这两种人脸检测器可以通过使用大型图像数据集进行训练,然后将训练结果存储在 OpenCV 的 XML 文件中以便后续使用。

接下来,我们按照以下步骤来运行人脸检测程序。

(1)进入 FaceDetection 文件夹,输入以下命令:

```
cd FaceDetection
```

(2)运行 faceDetection.py 文件进行人脸检测,输入以下命令:

```
python3 faceDetection.py
```

摄像头检测效果如图 5-3 所示。

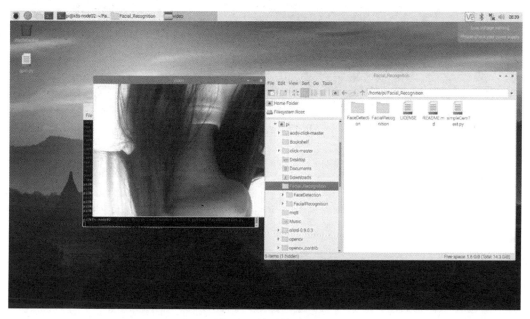

图 5-3　检测效果图

显然,摄像头已经倒置,需要在 faceDetection.py 文件中进行代码修改。

(3)使用文本编辑器打开 faceDetection.py 文件,输入以下命令:

```
nano faceDetection.py
```

如图 5-4 所示,将括号中的 −1 改成 1,然后保存并退出编辑器。

(4)再次运行 faceDetection.py 文件,输入以下命令:

```
python3 faceDetection.py
```

现在摄像头已经恢复正常。

运行人脸检测程序,将人脸放在摄像头前,人脸上出现方框表明检测成功,可通过点击窗口并按下 Esc 键的方式退出程序。

7)人脸识别

人脸检测成功后进行人脸识别,先简单回顾一下之前介绍的几种人脸识别算法。

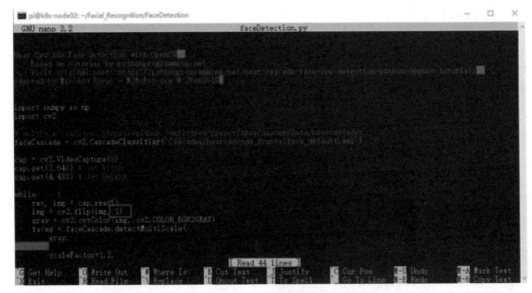

图 5-4 代码修改图

（1）特征脸（PCA）：也称为主成分分析，通过对数据集进行训练，对图像或视频中的人脸进行分析。

（2）Fisher 脸（LDA）：也称为线性判别分析，类似于特征脸方法，通过训练数据集来分析人脸。

（3）局部二值模式直方图（LBPH）：通过统计局部二值模式的分布情况来描述图像的纹理特征。

这些方法都有类似的一个过程，即先对数据集进行训练，对图像或视频中的人脸进行分析，并且从两个方面确定：①是否识别到对应的目标；②识别到的目标的置信度。方法在实际中通过阈值进行筛选，置信度高于阈值的人脸将被丢弃。

LBPH 是利用局部二值模式直方图的人脸识别算法，LBP 是典型的二值特征描述子，更多的是整数计算，而整数计算的优势是可以通过各种逻辑操作来进行优化，因此效率较高。另外通常光照对图中的物件带来的影响是全局的，即照片中的物体明暗程度，是往同一个方向改变的，可能是全部变亮或全部变暗，因此 LBP 特征对光照具有比较好的鲁棒性。

OpenCV 提供了 CV：Algorithm 类，该类有几种不同的算法，用其中一种算法就可以完成简单而通用的人脸识别。

OpenCV 的 contrib 模板中有一个 FaceRecognizer 类，它实现了以上这些人脸识别算法。

具体步骤及详细命令如下所示。

（1）收集人脸数据。

①进入 FacialRecognition 文件夹，输入以下命令：

```
cd .../FacialRecognition
```

②创建一个名为 dataset 的文件夹,输入以下命令:

mkdir dataset

③若摄像头已经倒置了,需要先对代码进行修改。可使用文本编辑器打开 01_face_dataset.py 文件,输入以下命令:

nano 01_face_dataset.py

将代码括号内的-1改成1,然后保存并退出编辑器。

④运行 01_face_dataset.py 文件,输入以下命令:

python3 01_face_dataset.py

程序会提示输入用户 ID,例如输入 1,然后将人脸对准摄像头。程序将收集 30 个样本数据,并将其保存在 dataset 文件夹中。可以在用户界面上直接打开查看收集到的样本数据,查看结果如图 5-5 所示。

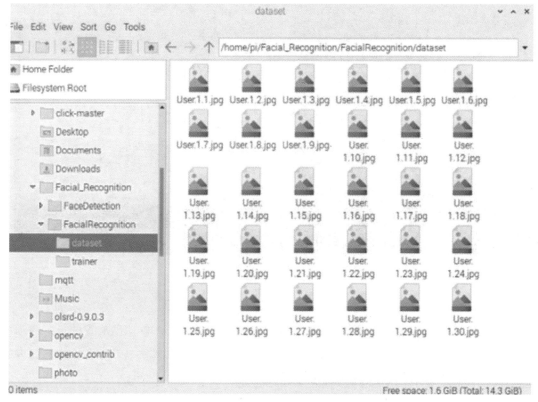

图 5-5　样本数据图

(2)进行训练。

①创建一个名为 trainer 的文件夹,输入以下命令:

mkdir trainer

②运行 02_face_training.py 文件,输入以下命令:

python3 02_face_training.py

(3)进行识别。运行程序,若发现摄像头倒置,则修改代码。

①运行程序进行识别操作,输入以下命令:

```
python3 03_face_recognition.py
```

②修改代码(若摄像头正常无需此操作),输入以下命令:

```
nano 03_face_recognition.py
```

同样将代码括号内的-1改成1,然后保存并退出编辑器。

修改完成后再次运行程序:

```
python3 03_face_recognition.py
```

③将人脸对准摄像头,查看是否识别成功,图5-6则表示识别成功。

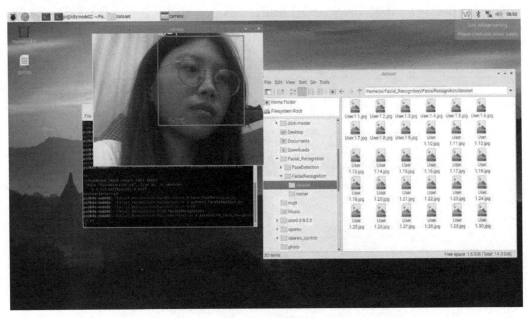

图 5-6 识别成功图

8)口罩检测

本小节介绍口罩检测项目在树莓派上的实现流程。使用 AIZOO 团队实现的口罩检测项目,使用了目标检测常用的 SSD(Single Shot MultiBox Detector)算法。基于前面实验已有的环境,还需要在树莓派上安装 TensorFlow 和 keras。

项目链接:https://gitee.com/zeng-deze/one-student-one-system/tree/master/

(1)安装依赖。

①同样,将 Python2.7 换成 Python3.7,使用如下命令:

```
sudo rm /usr/bin/python
sudo ln -s /usr/bin/python3.7 /usr/bin/python
```

②输入 Python 命令进行验证,查看是否进入 Python3.7 环境,如图 5-7 所示。

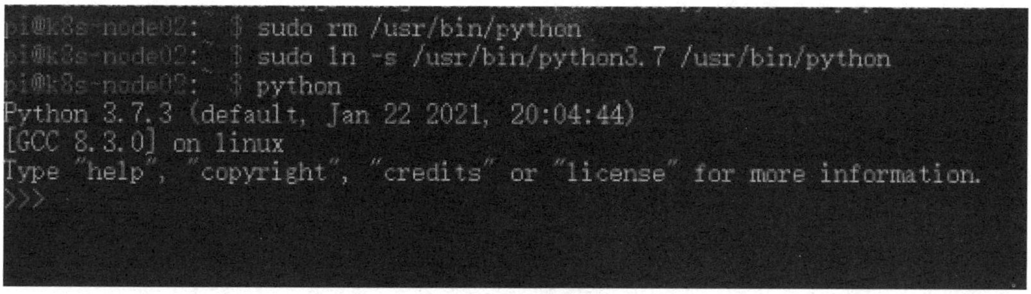

图 5-7 验证图

③更新软件,使用如下命令:

sudo apt-get upgrade

④后面可能还会有许多的库因为网络原因安装不上,所以需先在树莓派/home/pi 目录下新建一个文件夹,用于存储各种依赖库安装包。如新建一个名为 tensorflow 的文件夹(建议用英文),对于网络卡顿导致的下载终止,如果多次重试都失败可以用电脑进入它提供的网址,在电脑端下载然后传入树莓派进行安装。使用如下命令进行下载:

sudo apt-get install -y libhdf5-dev libc-ares-dev libeigen3-dev

python3 -m pip install keras_applications= = 1.0.8 --no-deps

python3 -m pip install keras_preprocessing= = 1.1.0 --no-deps

命令执行如图 5-8 所示。

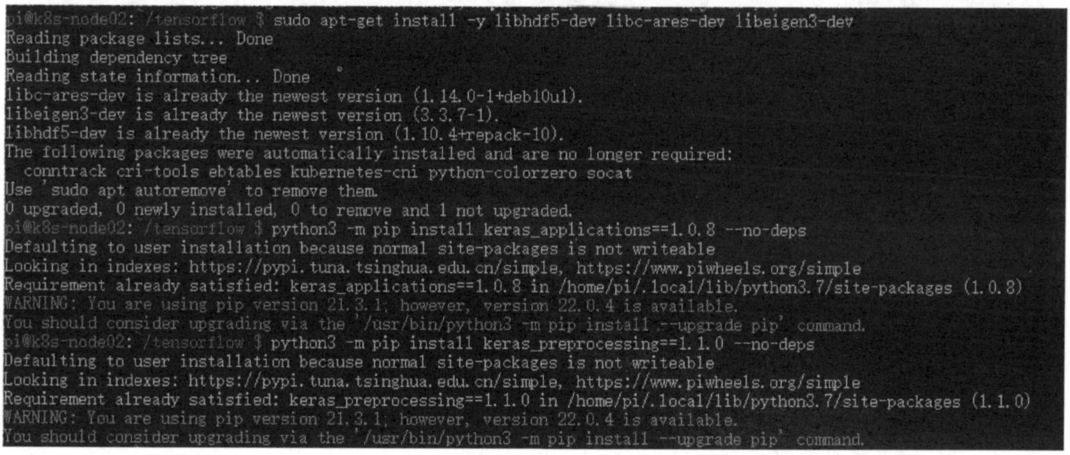

图 5-8 命令执行图

⑤安装 h5py。注意需要下载的版本,本实验中下载 h5py-2.10.0。

python3 -m pip install h5py-2.10.0-cp37-cp37m-Linux_armv7l.whl

⑥继续安装依赖环境,使用如下命令:

sudo apt-get install -y openmpi-bin libopenmpi-dev

sudo apt-get install -y libatlas-base-dev

python3 -m pip install -U six wheel mock

```
sudo apt-get install libhdf5-dev
sudo apt-get install python-h5py
python3-m pip install scipy
```

注意，如果由于网络原因卡住无法下载，可以通过手动导入安装包的方式进行安装，如图 5-9 和图 5-10 所示。

图 5-9　手动导入图

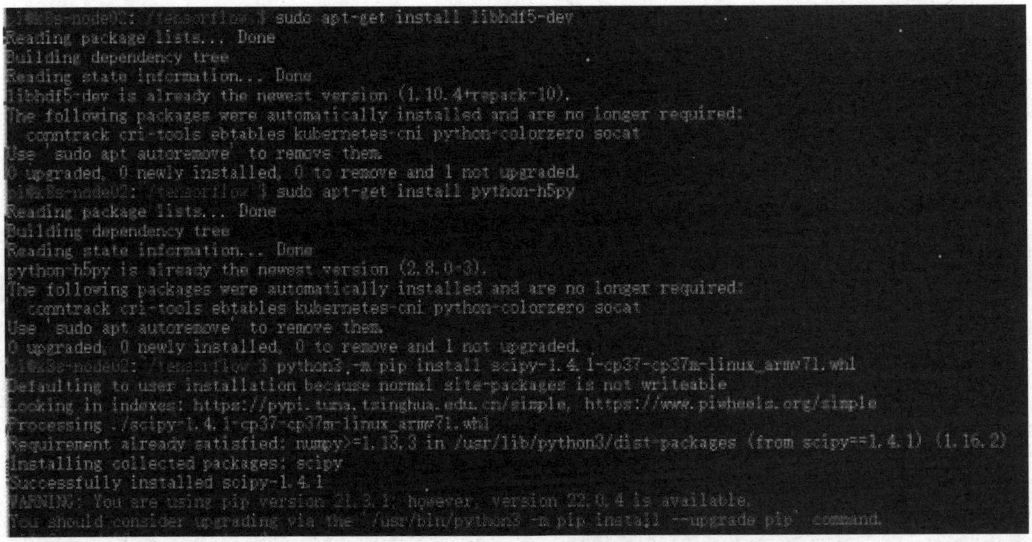

图 5-10　导入 scipy 依赖图

进入网址 https://www.piwheels.org/simple/scipy/scipy-1.4.1-cp37-cp37m-Linux_armv7l.whl 手动导入依赖库 scipy。

(2) 安装 TensorFlow。

① 安装完依赖环境后安装 Tensorflow，因为本实验在 Python3.7 环境下，所以安装 TensorFlow2.4.0。

下载 TensorFlow 安装包，此步骤可以直接使用 pip 命令下载安装。若由于网络等原因导致安装不成功，可先下载安装包，再上传到树莓派上进行安装。下载地址：https://gitee.com/zeng-deze/one-student-one-system/releases/tag/Tensorflow-arm，也可通过官方下载地址下载：https://github.com/lhelontra/tensorflow-on-arm/releases。使用官方链接下载时，需找到对应的版本，可以使用命令 uname-a 查看系统信息，本实验使用的是树莓派 4b，版本选择如图 5-11 所示。

图 5-11 版本选择图

在图 5-11 中，中间的文件名称中的"cp37"代表 Python 版本，需选择对应的版本进行安装。如 Python3.7，应该选择 cp37，Pythoy2.7 则选择 cp27。如果树莓派版本是 Pi1 或者 Pi Zero（包括 Zero W），选择结尾是 armv6l 的安装包；如果是树莓派 Pi2/3/4，选择结尾是 armv7l.whl 的安装包。若需要其他版本的安装包，需前往 https://github.com/lhelontra/tensorflow-on-arm/releases 自行下载。

②进行安装时，需要进入对应目录（本实验目录名为 tensorflow）并在安装时输入安装包的全名。进入存放安装包的目录，使用如下命令：

```
cd tensorflow
```

输入 ls，可以看到之前的安装包和需要安装的 Tensorflow2.4.0 安装包都在里面，如图 5-12 所示。

```
pi@k8s-node02:/tensorflow $ ls
h5py-2.10.0-cp37-cp37m-linux_armv7l.whl   tensorflow-2.4.0-cp37-none-linux_armv7l.whl
scipy-1.4.1-cp37-cp37m-linux_armv7l.whl
pi@k8s-node02:/tensorflow $
```

图 5-12 文件夹内容图

③开始 Tensorflow2.4.0 的安装，注意需要输入安装包的全称，使用如下命令：

```
sudo pip3 install tensorflow-2.4.0-CP37-none-Linux_armv7l.whl
```

导入过程中可能会有警告(Warning)提示,这是正常现象,可能是版本升级后有些函数使用改变。如果安装过程中出现大片红色错误(Error),通常是网络问题导致文件下载不完整,需重新运行安装命令并多次重复尝试。

④验证是否安装完成,使用如下命令。成功安装后将如图 5-13 所示。

```
pip show tensorflow
```

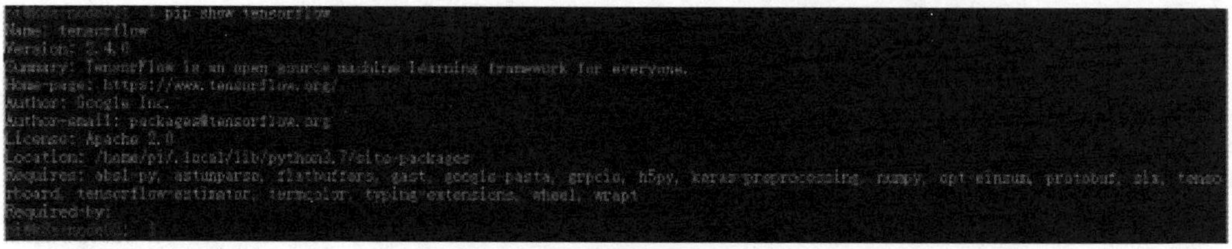

图 5-13　成功安装图

(3)安装 Keras。

Keras 是一个由 Python 编写的开源人工神经网络库,旨在作为 TensorFlow、Microsoft CNTK 和 Theano 的高阶应用程序接口,使深度学习模型的设计、调试、评估、应用和可视化变得更加便捷。本实验在 TensorFlow 的基础上安装 Keras,使用如下命令进行安装。安装时,注意版本,本实验选择的版本是 2.3.1 版本。

```
sudo pip install keras==2.3.1
```

(4)口罩检测实现。AIZOOTech 的项目支持五大主流深度学习框架(PyTorch、TensorFlow、MXNet、Keras 和 Caffe),并已经提供了接口。可以根据自身的环境选择合适的框架(如 TensorFlow),所有模型均在 models 文件夹下。参考该项目的 tensorflow_infer.py 代码,编写运行文件 pi_cam.py,使该项目可以更好地在树莓派上运行。关键代码示例。

①引入项目中的模块和一些库,代码如下:

```
import cv2
import numpy as np
from anchor_generator import generate_anchors
from anchor_decode import decode_bbox
from nms import single_class_non_max_suppression
from keras.models import model_from_json
model_from_json(open('models/face_mask_detection.json').read())
model.load_weights('models/face_mask_detection.hdf5')
```

②训练目标检测模型,需根据检测目标的大小设置合理的 anchor 大小和宽高比。举例来说,当在 AIZOOTech 团队在处理已标注的口罩人脸数据集时,他们首先提取了每个人脸的标注信息。随后,团队计算了每个人脸的高度与宽度的比值,并对这些比值进行了统计分析。基于这些统计数据,他们进一步生成了高度与宽度比值的分布直方图。考虑到人脸一般呈现为长方形形态,以及在实际应用中很多图片采用了较宽的格式,如 16∶9 的比例。因此

在经过归一化处理后,许多人脸的高度会是宽度的 2 倍甚至更多。因此,根据数据的分布情况,可以将 5 个定位层的 anchor 的宽高比统一设置为 1、0.62 和 0.42(转换为高宽比,即约 1∶1、1.6∶1 和 2.4∶1)。这样的设置可以更好地适应数据集中人脸的特点,确保 anchor 的形状与实际人脸的形状相匹配,从而提高口罩人脸检测算法的准确性和性能。

注:目标检测的 anchor,字面意思是锚,anchor 在计算机视觉中有锚点或锚框,目标检测中常出现的 anchor box 是锚框,表示固定的参考框。anchor 设置代码如下:

```
feature_map_sizes = [[33, 33], [17, 17], [9, 9], [5, 5], [3, 3]]
anchor_sizes = [[0.04, 0.056], [0.08, 0.11], [0.16, 0.22], [0.32, 0.45], [0.64, 0.72]]
anchor_ratios = [[1, 0.62, 0.42]] * 5
anchors = generate_anchors(feature_map_sizes, anchor_sizes, anchor_ratios)
anchors_exp = np.expand_dims(anchors, axis= 0)
# axis= 0 表示按列取最大值,如果 axis= 1 表示按行取最大值,axis= None 表示全部
    # 检测推理
id2class = {0: 'Mask', 1: 'NoMask'}
def inference(image, # 3D numpy 图片数组
             target_shape= (160, 160), # 模型输入大小
             draw_result= True, # 是否将边框拖入图像
             conf_thresh= 0.5, # 分类概率的最小阈值
             iou_thresh= 0.4, # 网管的 IOU 门限
             show_result= True # 是否显示图像
             ):
    output_info = []
    height, width, _ = image.shape
    image_resized = cv2.resize(image, target_shape)
    image_np = image_resized / 255.0   # 归一化到 0~ 1
    image_exp = np.expand_dims(image_np, axis= 0)

    result = model.predict(image_exp)

    y_bboxes_output = result[0]
    y_cls_output = result[1]
    y_bboxes = decode_bbox(anchors_exp, y_bboxes_output)[0]
    y_cls = y_cls_output[0]
```

③后处理部分主要就是非最大抑制(Non-Maximum Suppression,NMS)。本实验室使用单类的 NMS,即戴口罩人脸和不戴口罩人脸两个类别一起做 NMS,从而提高检测速度。核心代码如下:

```python
    bbox_max_scores = np.max(y_cls, axis= 1)
    bbox_max_score_classes = np.argmax(y_cls, axis= 1)
    # keep_idx 是 nms 之后的活动边界框。
    keep_idxs = single_class_non_max_suppression(y_bboxes ,bbox_max_scores,
conf_thresh= conf_thresh, iou_thresh= iou_thresh,)
    for idx in keep_idxs:
        class_id = bbox_max_score_classes[idx]
        if class_id == 1:
            print('未戴口罩了')

        else:
            print('戴口罩')
    return output_info
```

说明：NMS 是一种在图像处理和计算机视觉中常用的技术，主要用于抑制非极大值元素（即抑制最大值之外的元素），以突出局部最大值。其基本思想是在一个特定邻域内对每个像素或对象进行局部极大值的判断，常用于边缘检测。在进行目标检测时一般会采取窗口滑动的方式，在图像上生成很多的候选框，然后把这些候选框进行特征提取后送入分类器，会得出一个得分（Score），如人脸检测会在很多框上都有得分。再把这些得分全部排序，选取得分最高的那个框。接下来计算其他的框与当前框的重合程度（Intersection over Union，IoU），如果重合程度大于一定阈值就删除。

当图片中存在多张人脸时，NMS 将通过迭代的方式，在每一轮迭代中选取最大的人脸进行标记，并删除其周边 IoU 超过阈值的框，随后在下一轮迭代中在剩余的框中重复此过程，直到所有的目标区域都被检索。

④处理视频流，本实验每 7 秒取一张图片，代码如下：

```python
def run_video(video_path, output_video_name, conf_thresh):
    # 传入视频的路径
    cap = cv2.VideoCapture(video_path)
    if not cap.isOpened():
        raise ValueError("视频打开失败")
        return
    status = True
    print('开始检测')
    img_id = 0
    while status:

        # 隔七秒拍一张图片
        if img_id% 7 == 0:
```

```
            print(img_id)
            status, img_raw = cap.read()
            img_raw = cv2.cvtColor(img_raw, cv2.COLOR_BGR2RGB)

            if (status):
                inference(img_raw,
                          target_shape= (260, 260),
                          draw_result= True,
                          show_result= False)
                          conf_thresh,
                          iou_thresh= 0.5
        img_id = img_id + 1
if __name__ == "__main__":
    run_video(0, '', conf_thresh= 0.5)
```

⑤将项目下载后,将其和自己编写的 pi_cam.py 放入同一目录下,如图 5-14 所示,上传到树莓派中(按照上面步骤配置好环境)。通过命令行进入目录直接调用就可以。(如果 Python 默认是 Python2.7 则要使用 Python3 pi_cam.py,不过前面已经把 Python 命令默认链接为 Python3,所以此处一般只需输入 Python 即可),使用如下命令:

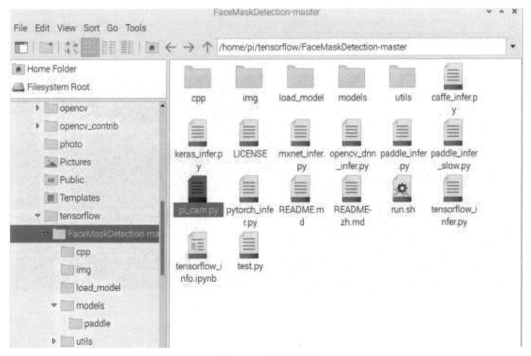

图 5-14 文件放置图

```
cd tensorflow
cd FaceMaskDetection-master
python pi_cam.py
```

若运行命令时出现问题 ImportError：cannot import name 'get_config' from 'tensorflow.python.eager.context'，如图 5-15 所示。

图 5-15　ImportError 错误提示图

可通过安装 keras-contrib 包进行解决，可在实验代码仓库的"https://gitee.com/zengdeze/one-student-one-system/tree/master/第四章 物联网应用层/人脸识别应用/keras-contrib-master"路径中找到该包。

```
git clone https://www.github.com/keras-team/keras-contrib.git
```

进入 keras-contrib，使用如下命令：

```
cd keras-contrib
```

进行编译安装，使用如下命令，过程如图 5-16 所示。

```
python setup.py build
python setup.py install
```

图 5-16　编译安装过程图

⑥现在便可以成功检测到是否佩戴口罩，检测结果如图 5-17 所示。

图 5-17 口罩检测结果图

5.3.3 实验总结

通过这次实验,我们了解了图像视频类多媒体传感数据的处理方法,特别是在人脸识别项目中的应用。掌握了 OpenCV、TensorFlow 和 Keras 等必要软件环节的安装过程,也掌握了人脸识别的具体流程,包括人脸数据的收集、训练以及识别等关键环节。通过这一系列实验,我们得以一窥人脸识别技术的核心原理与基本方法。对此感兴趣的读者,可以根据实验中介绍的原理和方法,进一步拓展思路,自主开发更多具有创新性和实用性的应用。通过不断的实践和学习,能够更深入地了解人工智能算法与多媒体传感数据处理技术的结合与应用,为未来的研究和开发工作打下更坚实的基础。

主要参考文献

[1] 贺诗波. 物联网系统设计[M]. 浙江:浙江大学出版社,2022.

[2] 黄建波. 一本书读懂物联网[M]. 北京:清华大学出版社,2017.

[3] 傅洛伊. 移动互联网导论[M]. 北京:清华大学出版社,2019.

[4] 郭建立,吴巍,骆连合,等. 物联网服务平台技术[M]. 北京:电子工业出版社,2021.

[5] 谈海生,张欣,郑子木,等. 边缘计算理论与系统实践:基于 CNCF KubeEdge 的实现[M]. 北京:人民邮电出版社,2023.

[6] 黄峰达. 自己动手设计物联网[M]. 北京:电子工业出版社,2016.

[7] 刘志军,周国强,雷波,等. 云网融合:算力调度技术研究及大规模应用实践[M]. 北京:人民邮电出版社,2023.

[8] 桂劲松. 物联网系统设计[M]. 北京:电子工业出版社,2013.

[9] 刘彦文. 嵌入式系统原理及接口技术[M]. 北京:清华大学出版社,2011.

[10] Mudaliar M D, Sivakumar N. IoT based real time energy monitoring system using Raspberry Pi[J]. Internet of Things,2020,12:100292.

[11] 徐志斌,徐炜民. 一种改进的高性能远程内存直接访问(RDMA)的实现[J]. 计算机应用与软件,2008(1):264-266.

[12] 豆路标,叶梧,冯穗力,等. 直接内存访问驱动程序的设计与实现[J]. 电子技术,2002(7):11-15.

[13] Allioui H, Mourdi Y. Exploring the full potentials of IoT for better financial growth and stability:a comprehensive survey[J]. Sensors,2023,23(19):8015.

[14] Khang, Alex, et al. Advanced IoT technologies and applications in the Industry 4.0 digital economy[M]. Boca Raton:CRC Press Taylor & Francis Group,2024.

[15] Cäsar M, Pawelke T, Steffan J, et al. A survey on bluetooth low energy security and privacy[J]. Computer Networks,2022,205:108712.

[16] Gkotsiopoulos P, Zorbas D, Douligeris C. Performance determinants in LoRa networks:a literature review[J]. IEEE Communications Surveys & Tutorials,2021,23(3):1721-1758.

[17] Beltramelli L, Mahmood A, Österberg P, et al. LoRa beyond ALOHA:an

investigation of alternative random access protocols[J]. IEEE Transactions on Industrial Informatics,2020,17(5):3544-3554.

[18]黄化吉.NS网络模拟和协议仿真[M].北京:人民邮电出版社,2010.

[19]寇晓蕤,罗军勇,蔡延荣.网络协议分析[M].北京:机械工业出版社,2009.

[20]Komilov D R. Application of Zigbee technology in IoT[J]. International Journal of Advance Scientific Research,2023,3(9):343-349.

[21]Chen W,Jeong S,Jung H. WiFi-based home IoT communication system[J]. Journal of Information and Communication Convergence Engineering,2020,18(1):8-15.

[22]刘敏.RIP和OSPF收敛性分析与仿真[J].网络安全技术与应用,2015(3):161-162.

[23]Ramphull D,Mungur A,Armoogum S,et al. A Review of Mobile Ad Hoc NETwork (MANET) Protocols and their Applications[C]//International Conference on Intelligent Computing and Control Systems,2021,Madurai,India:204-211.

[24]赵丙秀.基于Ad Hoc的近距离通信的实现[J].计算机时代,2017(12):32-34-38.

[25]Wheeb A H,Al-Jamali N A S. Performance analysis of OLSR Protocol in Mobile Ad Hoc Networks[J]. International Journal of Interactive Mobile Technologies,2022,16(1):107.

[26]Gupta N,Jain A,Vaisla K S,et al. Performance analysis of DSDV and OLSR wireless sensor network routing protocols using FPGA hardware and machine learning[J]. Multimedia Tools and Applications,2021,80:22301-22319.

[27]刘亮亮,王兴,王国庆,等.基于树莓派与MQTT的智能网关设计[J/OL].机电工程技术,1-6[2023-10-1].https://link.cnki.net/urlid/44.1522.TH.20240301.0920.004.

[28]Liu X,Zhang T,Hu N,et al. The method of internet of things access and network communication based on MQTT[J]. Computer Communications,2020,153:169-176.

[29]Potdar A M,Narayan D G,Kengond S,et al. Performance evaluation of docker container and virtual machine[J]. Procedia Computer Science,2020,171:1419-1428.

[30]申赞伟,刘彦博,郭子康,等.基于树莓派4B的云原生Kubernetes计算集群实验设计[J].实验技术与管理,2023,40(11):64-70.

[31]刘忠.基于K3s构建面向云原生应用的容器平台设计与实践[J].现代信息科技,2021,5(12):22-25.

[32]曾德泽,陈律昊,顾琳,等.云原生边缘计算:探索与展望[J].物联网学报,2021,5(2):7-17.

[33]黄思奇,曾德泽,李跃鹏,等.天空地融合网络架构与传输优化技术[J].天地一体化信息网络,2023,4(2):62-70.

[34]Bedhief I,Kassar M,Aguili T. Empowering SDN-Docker based architecture for internet of things heterogeneity[J]. Journal of Network and Systems Management,2023,31(1):14.

[35] Wojciechowski Ł, Opasiak K, Latusek J, et al. Netmarks: network metrics-aware Kubernetes Scheduler powered by service mesh[C]//IEEE Conference on Computer Communications,2021,Vancouver,BC,Canda:1-9.

[36] Lee S, Son S, Han J, et al. Refining microservices placement over multiple Kubernetes-orchestrated clusters employing resource monitoring[C]//IEEE International Conference on Distributed Computing Systems,2020,Singapore:1328-1332.

[37] Beermann T, Alekseev A, Baberis D, et al. Implementation of ATLAS distributed computing monitoring dashboards using InfluxDB and Grafana[C]//EPJ Web of Conferences,2020,Adelaide,Australia:03031.

[38] 郭彬,杨晨,刘庆涛,等.基于InfluxDB与Grafana的物联网监测系统设计[J].现代电子技术,2022,45(18):41-46.

[39] 李云鹏,席志红.基于RetinaFace与FaceNet的动态人脸识别系统设计[J/OL].电子科技,2024,1-8[2023-10-1].https://doi.org/10.16180/j.cnki.issn1007-7820.2024.12.012.

[40] Bhatt D, Patel C, Talsania H, et al. CNN variants for computer vision: history, architecture, application, challenges and future scope[J]. Electronics,2021,10(20):2470.

[41] Ahsan M M, Li Y, Zhang J, et al. Evaluating the performance of eigenface, fisherface, and local binary pattern histogram-based facial recognition methods under various weather conditions[J]. Technologies,2021,9(2):31.

[42] Chen C, Seo H, Jun C H, et al. Pavement crack detection and classification based on fusion feature of LBP and PCA with SVM[J]. International Journal of Pavement Engineering,2022,23(9):3274-3283.

[43] Shetty A B, Rebeiro J. Facial recognition using haar cascade and LBP classifiers[J]. Global Transitions Proceedings,2021,2(2):330-335.

[44] Armaghani D J, Asteris P G. A comparative study of ANN and ANFIS models for the prediction of cement-based mortar materials compressive strength[J]. Neural Computing and Applications,2021,33(9):4501-4532.

[45] Wang L, Siddique A A. Facial recognition system using LBPH face recognizer for anti-theft and surveillance application based on drone technology[J]. Measurement and Control,2020,53(7-8):1070-1077.